U0388386

Home.

这本书的出版源自于我多年来遇到的、和我合作过的所有优秀的客户所给予我的灵感。我认为家是我们的延伸，它能代表我们是什么样的人。这本书会教给你，任何人都可以创造一个装饰完美的、有着属于你自己的独特意义的家。

# Home.

## The Elements of Decorating

## 家居软装设计五要素

（澳）艾玛·布洛姆菲尔德 著　李婵 译

教你完美装饰自己的家

辽宁科学技术出版社
·沈阳·

# 目录

# 1

# 家 居 软 装 基 础

# 家居软装概述

家居软装等于是在投资你的家庭快乐和幸福。然而，没有人天生就能准确地知道如何装饰空间，有些人在这个领域需要比其他人更多的帮助。在简单的指导下，你完全有可能创造出一个你喜欢的空间，一个让你可以自豪炫耀的家。当然，你的家好不好看并不完全取决于客人的看法。最重要的是你和你的家人都喜爱你所创造的空间，并且幸福地称之为"家"。

你可以在整个家居软装的过程中携带本书作为指南手册。多年之后，书中的内容也仍然值得查阅借鉴。书中的水彩插图都是永恒的主题，并且给你进一步的诠释和细化留有无限可能——比起实景照片，这种极具艺术感的水彩图更容易激发你的乐趣和创造力。不仅插图是经典永恒的，书中的软装手法也是经过实践检验的经典方法。因此，同样的规则在未来的几十年仍将适用。本书将引领你见识到实现完美家装的各种方法，既有深受喜爱的经典设计，也有预算低廉的家居翻新，而不必从头开始枯燥的系统理论学习。这本书会告诉你，不是非得花费数万美元，才能打造一个时尚又有魅力的家。

当你进入一个装饰精美的空间，你往往无法确定你最喜欢的是什么，因为空间内有各种各样的角落和细节值得去探索和发现。我们的目标不是让某个元素特别吸引注意力，而是侧重于人在房间里的体验，慢慢去发现屋里陈列的各种物件。对家装终极的赞美就是——客人走进你的家，然后告诉你他们觉得房间看起来多么美妙！

如果你想知道你的家是否可以通过软装来改善，想想你自己的感受。你可能爱上了一个朋友美丽的家，或者希望自己家里的某个地方如果不是这样就好了。也许你能感觉到房间里好像缺点儿什么东西，但是觉得自己完全无从着手。或者，也许你家里的房间不符合你家人的要求和需要。

确定一个房间是否能做些改善的最快方法是拍张照片。你会立刻注意到所有需要改善的地方——这些地方在二维平面上会比在现实生活中明显得多。你可能注意到摆设之间存在太大空隙，或者某些摆件的位置稍偏。如果在房间里走动观察，这些问题并不会那么突出，而拍成照片变成图像，就会清楚地显示出到底需要注意哪些地方。

如果你拍了照片还是不能发现问题，那么你可以假装你的房子正在出售，买家要来看房，你要做哪些准备？看看家具，是不是太拥挤了？还要看看房子的硬件部分，比如墙壁、地板和交通动线，这些要比房间里软装的颜色、材质和图案更加重要。

### 软装小贴士

软装事关整个空间，即一个房间整体的效果，包括家具陈设、地板/地毯、软装织物、墙面漆的颜色以及窗户的装饰等。

陈设是房间里摆放的一些小型装饰元素，包括托盘、蜡烛、小饰品和珠宝盒等令人愉悦的小物件。有关家居陈设，详见第9章（第147页）。

你很可能想要替换许多东西。退后一步，脱离这些软装元素来看待，哪些东西需要替换会看得更清楚。

最好尽早着手进行家居软装，而不是觉得应该等到自己买得起真正好的东西才去做。你很可能永远不会真正从经济上准备好，所以，充分利用你已经拥有的！通常，你只需要客观地去看待，便会改变你对已经拥有的东西的看法。

这本书会教给你如何打造实用又美观的软装。杂志上那些精美的装修令人向往，但并不一定实用，或者说并不适合你的生活方式。不过，这并不是说你就不能从中得到灵感。

在整个软装过程中，要注意实用性。你会发现，从长远来看，这是大有回报的，而且会阻止你犯下“昂贵的错误”。实用性的采购就是，购买你喜爱的、并且未来几年仍然会喜欢的物品。像沙发这样昂贵的大件，不能只是因为是当时的流行款，就把你辛苦赚来的钱全投进去。流行款的家装物品，只有在一种情况下值得购买，那就是：你知道几个月（或几年）后，你仍然会喜爱这个东西。如果喜欢流行元素，可以买一些小的、便于移动的物件，这样在不久的将来你可以按照自己的心意随意更换。

# 软装五要素

完成一个房间的整体装饰，是一个漫长的过程。这不是你能用一个下午做完的事情。不幸的是，还没有魔法杖存在。好消息是，不是必须花费大把钞票才能拥有一个美观又时尚的家。熟悉以下五个软装要素，你会对你理想中的家有一个更加具象化的认识，能在可以接受的预算之内，像专业人士那样装饰自己的家。今后，每次一进自己的家，你会备感快乐。

## 1. 需求与目标

软装过程开始之前最重要的一点是：确定空间的功能以及使用者的需求。实用性没考虑清楚，装饰是没有意义的。问问你自己和你的家人以下问题：

- 是谁使用这个房间?
- 他/她使用这个房间做什么？如何使用?
- 这个房间白天和晚上的用途是否一样?

你的决定将严重影响每一个使用房间的人，所以在设计时一定要考虑到房间的每一个潜在的用途。问问其他家庭成员的意见，你可能会发现你忽略了共享这个空间的人的重要需求。

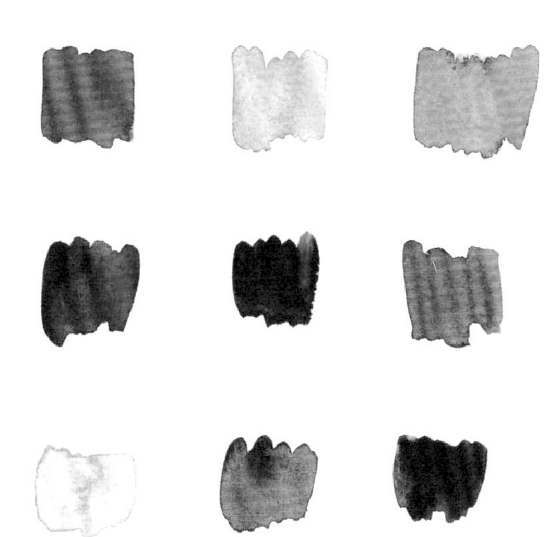

2. 色彩与图案

明智的做法是一个房间选择三到五种颜色。不一定非得是色轮中相对的颜色。这三到五种颜色，可以选择灰褐色、白色甚至黑色，搭配少量的粉红色、水绿色或黄色。事实上，通常最好在五种颜色中使用两种或三种相对中性的颜色，这样在选择软装家具陈设时，你就可以使用两到三种突出的颜色，营造视觉焦点。如果是老房子装饰改造，你可以看看屋里的艺术品或者地毯，从中寻找配色灵感。然后，你可以让房间里的物品重复这三到五种颜色，比如书架的装饰、茶几上的托盘或者沙发上的靠垫等。有关配色设计，详见第36页。

给房间加一些图案，既能带来趣味性，又能给房间增添深度和个性。软装家具陈设、窗帘或者一些较小的装饰元素（比如蜡烛罐或花瓶），上面都可以使用图案，图案最好使用房间里已有的颜色，以实现和谐的配色。如果你觉得自己不擅长挑选图案，不知道怎么将图案进行组合，诀窍是：在备选图案中选择色调上跟你的房间相匹配的，并使用纯色。例如，如果地毯是海军蓝加桃红

色，那么就选择带有浅蓝色、珊瑚色和橘红色图案的装饰元素，保证基本色调相似。这会让房间的整体效果更好。

3. 造型与尺寸

使用多样化的造型和尺寸是打造统一、和谐的整体空间的关键。房间里的扁平造型物（比如书、架子、桌子等），搭配细高造型物（比如圆柱形花瓶或台灯），形成对比。视觉上厚重的物体让整体空间具有平衡感和层次感，这是墙面漆和地板做不到的。

4. 家具陈设

想要达到视觉平衡并不容易，但只要你将家具陈设摆放在正确的位置就能做到。如果家具陈设品是分组摆放的话，那么最好选择奇数件，效果最好。重复出现的图案或颜色不会让眼睛过度疲劳，就是说，你进入房间后，视线不会跳来跳去，你的视线会集中到一个令人愉悦的地方。视觉疲劳绝不是家居软装的目标！

## 5. 照明

照明是软装设计中最重要的元素之一，但常常被我们忽视。在住宅的装修或翻新中，通常把照明放在“待办事项”清单的末尾。也许有太多的其他元素吸引了我们的注意，或者是预算越用越少。总之，照明设计往往被省略了。然而，如果能针对照明略做思考和设计，会对家居空间的营造有很大帮助。

明亮的空间会对我们的情绪产生积极、正面的影响。想想自然光，你会感到快乐，生机勃勃。人工照明也会影响我们的情绪，所以照明设计是家居软装的一个重要因素。

照明对营造空间的氛围也有很大的作用。走进一个有着刺眼白光的房间，你会感觉不舒服，感到不安。步入一间有着一两盏台灯的房间，头顶上方还有柔和的顶灯，你会感觉很放松。

灯具种类的选择可以考虑顶棚里向下照射的小聚光灯（通常配有调光开关，可以根据不同时段的需要控制照明强度）、台灯、吊灯、壁突式墙灯和蜡烛等。

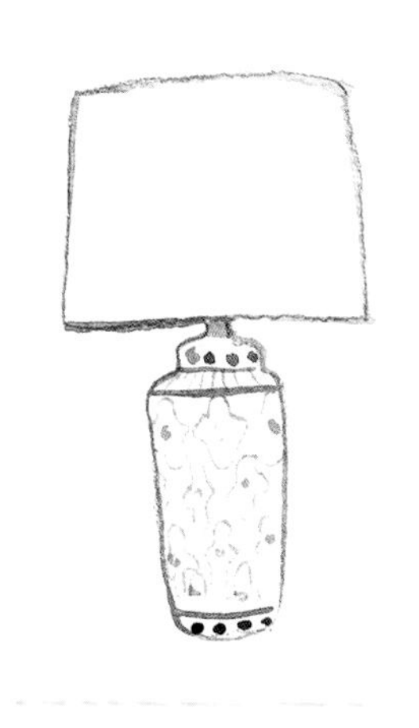

软装小贴士

一定要选暖白光，不要选冷白。温暖的光线能创造更加和谐、放松的氛围。而且也更衬肤色哦！

# 寻找设计灵感

下定决心要重新装修之后，寻找灵感可能会是一项艰巨的任务。然而，一旦你开始寻找，你就会意识到灵感其实就在你周围。有时你只是需要稍微客观一点的看法，便能发现。

到哪里寻找灵感?

从你家周围的风景开始寻找灵感。后院有没有热带花园？还是毗邻国家公园？是在海边，还是城市楼群?

还要考虑你家房子的建筑物——维多利亚式的带露台的古老别墅？还是简易式的海边小屋？两者需要完全不同的设计。

旅行有没有给过你灵感，让你把家里装饰得面貌一新？拿出你珍贵的旅行照片，看看照片上那些外地的、甚至海外的建筑物，列出你觉得能够应用在你的家居装饰中的元素。还有，不要忘了上网！无数灵感的源泉，只需轻轻点击！各类博客，还有充满装饰创意和才华的家居生活网站（详见第180页）。

也许你最喜欢的电影会激发你的家装灵感。很多好莱坞电影，如《斯通家族》（The Family Stone）、《新岳父大人》（Father of the Bride）、《爱是妥协》（Something’s Gotta Give），里面都有漂亮的住宅内景，可供借鉴。虽然可能在预算上跟你不是一个重量级的，但仍然不失为寻找灵感元素的一个好方法。

摆在茶几上的那种精装书和杂志也是装饰灵感的发源地。这里有触手可及的灵感元素，你可以在逛商店的时候按图索骥去购买，或者把你相中的某一页贴在桌面上，提醒自己：这就是我想要的风格。

# 确定你的装饰风格

看看家里原来的装饰——是否反映了你自己的风格、个性和品位？还是家里其他人的？家具是二手的？你和爱人搬进去的时候还没有能力换新的？要确定新的装饰风格，这些问题首先你要做一番研究。

如果你觉得很难确定自己想要什么风格，也不要太在意。一般我们更容易一眼看出哪种风格我们不喜欢，喜欢的反而不那么容易确定。如果你觉得自己属于这种情况，那就先浏览一下你喜欢的家居装潢杂志或书籍，或者上网浏览博客和家居生活网站。随身携带纸笔，把你注意到的东西都记下来。

要真正确认你要的风格，首先列出你收集到的元素：你喜欢的书刊报纸里的图像、Pinterest照片分享网站上的图片、朋友的家、商店里贴的宣传海报，甚至日常生活中你能发现的任何元素。这些元素可能很常见，很简单。比如你发现你选购沙发的时候看的都是那种深灰色带纽扣靠垫的布艺沙发，或者你喜欢的每个客厅都有一块剑麻地毯，还有蓝白条纹的靠垫，那么，这就意味着你想要的是汉普顿风格（详见第22页）。

另一个解决你的风格选择难题的好方法是咨询亲朋好友。他们很可能曾经花几个小时观察你家里的装饰摆设，其中很可能还有记住的。不论你年纪多大（或者多小），你都可以去确定和开发属于你自己的风格。你的风格会不断演变。所以，第一次离开父母搬出家门时你觉得喜欢的装饰，到你组建自己的家庭时，几乎肯定会改变。然后你的孩子长大成人，独立出去后，你家的装饰风格又会变化。

### 做笔记

有些细节，看起来微不足道，但是如果能随手记下来，却能帮助你快速确认你想要的风格。这类细节包括：

**颜色**。你喜欢什么样的配色？有没有什么颜色是你不想在你家里出现的？你喜欢的艺术品是否正好包含你喜欢的颜色和图案呢？

**形态**。你的笔记里面是否有很多条形物品？或者是圆形的？比如椭圆形的桌子，或者圆形茶几。

**金属**。你是喜欢抛光的仿古金饰品，还是更喜欢清爽、光滑的不锈钢表面？金属元素的使用最能彰显风格——不锈钢或亚光钢充满现代感，而黄铜和仿古银饰品则更传统，营造出一种经典的氛围。

**家具风格**。在你的笔记里，比起纤细的、线条感的沙发扶手，你是否更偏向厚实的圆弧形扶手？你喜欢的餐桌是否都是木头桌腿，而不是钢腿、玻璃面的那种？

# 家居软装流行风格

下面列出了一些典型的家居软装流行风格，包括家具风格、软装元素和材质等。你可以从中寻找灵感，来确定自己想要的风格。

汉普顿风格（Hamptons）

- 布艺沙发
- 蓝白结合的配色
- 条纹
- 剑麻地毯
- 航海相关的元素

斯堪的纳维亚风格/北欧风格（Scandinavian）

- 橡木材质
- 单色的配色
- 羊毛地毯
- 白色墙面
- 浅色木地板

法国乡村风格

- 老旧的木质元素
- 铁篮
- 装饰瓦罐
- 花卉图案
- 黄铜镶边
- 亚光色
- 罗马数字

随性风格/折中主义风格

- 混搭
- “冲突”的图案
- 独特性
- 层次感
- 伊卡特图案/杂色织染（Ikat）
- 大地色
- 温暖的、有生活气息的氛围

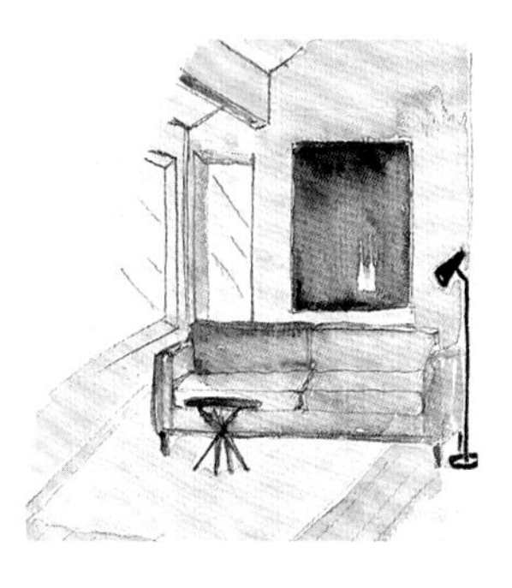

现代极简主义风格

- 流畅的线条
- 巧用玻璃营造焦点
- 不锈钢饰面
- 平滑的表面
- 皮革沙发
- 旋转扶手椅

工业风格

- 钢铁
- 原木
- 数字
- 混凝土
- 原色（基色）配色
- 裸露的砖与梁

东方风格

- 主色大胆
- 配色：红色、翡翠绿、水绿
- 高光漆木
- 家具精雕细刻
- 竹子元素
- 家具手绘

摩洛哥风格

- 精美的图案
- 马赛克
- 婚礼毯
- 基里姆花毯/印第安民族风格地毯（Kilim）
- 厚厚的皮革圆椅垫
- 亮色瓷砖

复古风格

- 灵感来自20世纪50年代
- 中等亮度的木质元素
- 胡桃木元素
- 带画框的复古墙画
- 模压家具：胶合板+玻璃纤维
- 配色：橘黄、绿色、黄色、红色

原始部落风格

- 串珠
- 羽毛
- 深巧克力色木质元素
- 带雕刻的木质家具
- 西非土著草帽
- 基里姆花毯/印第安民族风格地毯（Kilim）

乡村风格

- 原始风格的原木
- 格子图案
- 条纹或方格纹织物
- 鹿角
- 条纹布
- 粗麻布
- 风化木（表面做旧）
- 针织毛毯

传统风格

- 典雅的古典家具
- 靠垫很厚的沙发
- 弧线形边角
- 簇绒
- 流苏
- 松软的靠垫分散摆放

# 不同室内设计风格相结合

也许你觉得只选一种室内风格很难。不同的风格，如果是互补的话，可以很好地结合，所以你可以把各种元素组合使用，也能创造出和谐的整体效果。

如何将不同的风格无缝衔接？看看这些风格中是否有相同的元素，想想这些风格是否会冲突。这时候，你就要注意家里的家具了。看看家具都有哪些材质，配色是什么样的？看看有什么元素能跟第22～25页所列出的风格搭配。也许你会发现房间里有跟风格列表里相同的元素，那么你就知道，你的房间跟列表里的风格在哪里重叠。然后再在列表里看看，哪些元素添加到你的房间里之后能让空间整体效果和谐一致。另外，还需要考虑房间的建筑风格。例如，木质结构的房间，是否会跟你选的风格冲突？还是互补？

适合组合的风格

- 汉普顿风格+传统风格
- 乡村风格+工业风格
- 东方风格+随性风格
- 北欧风格+现代极简风格

这些风格因为包含共同的元素，所以组合效果很好。例如，汉普顿风格大多会使用经典的卷臂式扶手沙发和亚麻织物，与传统风格非常搭。乡村风格与工业风格可以毫不费力地融合在一起，因为两者都以粗糙的原始质感为特色，如裸露的砖、古旧

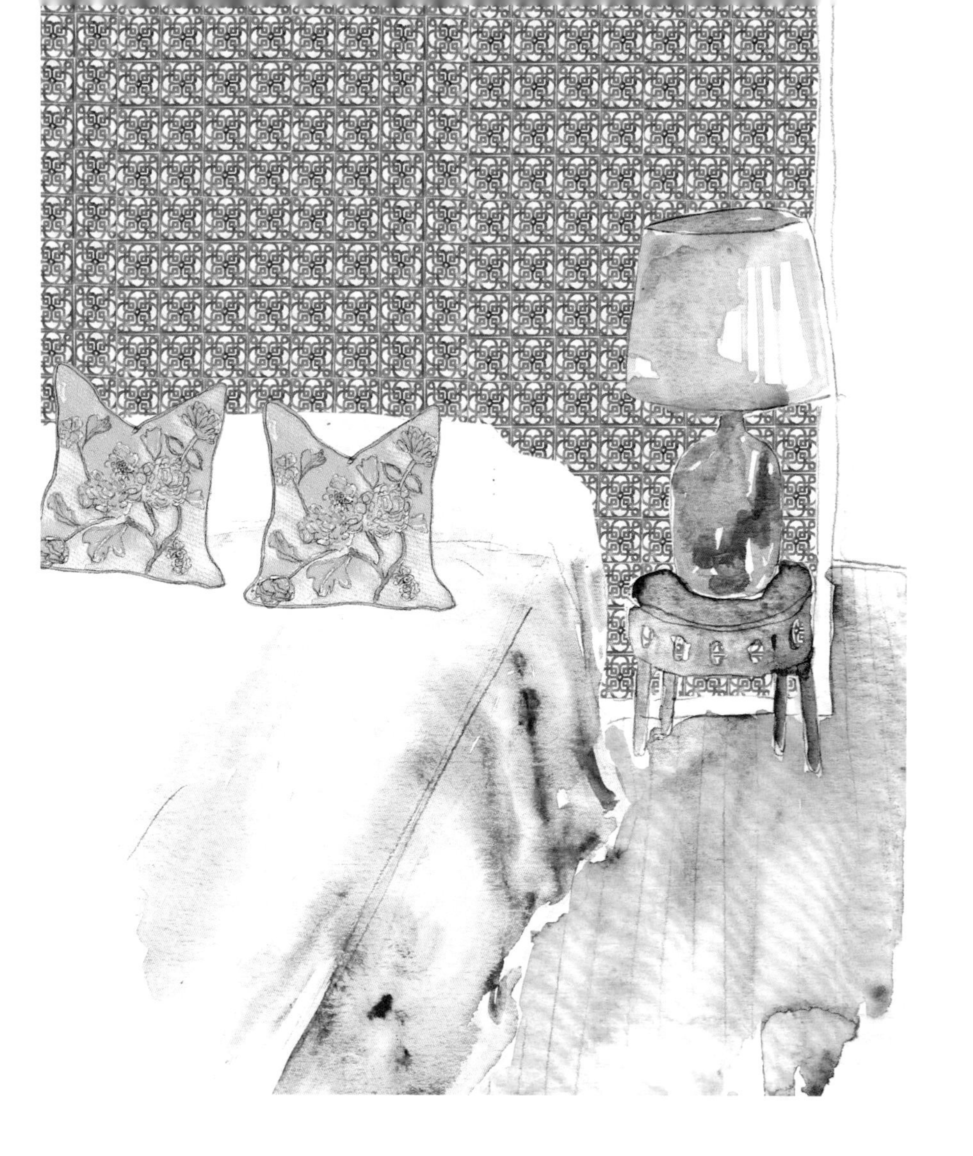

的木料、磨损的金属。东方风格和随性风格都运用强烈、大胆的色彩，如靛蓝、深蓝、红色和黄色等，并且与这两种风格相关的图案非常繁复，所以如果这两种风格结合，两者共同的元素能很好地协同作用。摩洛哥风格以杂乱著称，因此可以结合随性风格，营造色彩、图案和材质的大爆炸。北欧风格相对简约，可以搭配现代极简主义风格的流畅的线条和不锈钢饰面，给人一种简单、纯粹的感觉。

# 空间评估

清楚地确认了你的风格和品位之后，现在是时候分析和评估你生活的空间了。长期居住在一个空间里意味着你会忽略客人一下就能注意到的问题。也许有些地方油漆剥落了，有些靠垫破了，地毯磨损了，或者你五年前搬家时将就着用的扶手椅跟现在的风格已经不匹配了。

做笔记是一种很有用的方法。不要忽视那些随着时间推移而积累起来的小问题，那些小问题会让你逐渐厌烦你的家。首先列出你的愿望。可以设想家里整体的感觉，也可以一次专注于一个房间。我发现最好一次只专注于一个房间，因为这意味着你把全部精力都投注在一个房间的装饰，全部完成后，再进行下一个房间。这样的话，目标也更明确，要不然规模太大，容易让你不知所措。但是要记住，头脑中一定要始终把握整体的感觉，才能确保各个房间之间保持一定程度的一致性。

需要考虑的问题

- 走进家门的时候我想要有怎样的感觉
- 我想让家人在这里进行怎样的互动
- 我想让来到家里的客人有怎样的感觉
- 回到家里来我绝对不想有怎样的感觉

这些问题的答案可能会让人大吃一惊。不要忘了咨询家人的意见，他们也许会给你提出具有建设性的意见。

## 空间分析

为了让你和你的家准备好重新装修，分析房间中的既有元素以及整体空间是至关重要的。就房间里已有的元素，问自己一些更具体的问题。下面这些问题将帮助你了解你家哪里效果很好，哪里不好。

### 布局

房间里是否太拥挤？还是有太多空的地方？房间的平面布局是否会有点古怪？是否有很多入口？阻碍通道的障碍是否太多？电视是不是被挡住了？房间里的焦点是不是太多了？房间里有没有不用的物品，比如电视、平时没人用的沙发或茶几？家具的摆放是否阻碍了交通动线？

### 照明

房间现在太暗还是太亮？有足够的自然光吗？需要照明的地方能选择哪些形式的照明？例如阅读或工作，可能需要台灯。我需要窗帘或百叶窗来过滤光线或保护隐私吗？房间里需要安装调光开关吗？

家具陈设

有足够的座位空间吗？或者座位空间太多了？地板在冬天又硬又冷吗？有足够的地方来摆放日常家居用品吗？房间里需要更多的颜色吗？有足够的储物空间吗？房间里的材质搭配协调吗？

接下来是什么?

在仔细分析房间内的特点之后，你需要列出所有你需要处理的东西——也许是你母亲送你的一盏台灯，或者从家里继承来的箱式凳。哪些可以出售，送人或扔掉？你可以拿着彩色便签在房间里走一圈，给那些东西贴上“保留”“不要”和“出售”的标签。这也是一种不错的办法。

再想一想，那些进入“保留”清单的物品是否需要进行额外的养护，比如重新上漆，更换外罩，或者进行蒸汽清洁。

## “待办项目”清单

现在，你的各种清单可能已经很长了。如果你的家很大或者东西很多，这可能会让你不知所措。要么，放任不管了；要么，直接跳到下一步开始购买流程。在这个阶段，千万不要感觉大失所望或者幻想破灭。仔细的规划会带来更少的错误和挫折。明智的做法是将你的各种清单合并成一个整体的“待办项目”清单，按照重要性的顺序排列，协助你走上正轨。

### 软装小贴士

整个装饰过程中不要忘记常常看看你的“待办项目”清单，以及平面图和情绪板（详见第32和34页），以确保自己没有偏离正轨，同时确保各个阶段都在预算允许的情况下逐步完成。你会发现你很容易在清单中的某一步陷入烦躁中，然后就想一个周末把整个空间都弄完。这种时候，往往你就容易犯下“昂贵的错误”，然后后悔自己的选择，对最终的结果也不满意。或者你也可能会把自己的家弄成了样板间宣传册上的样子——这样的结果只能证明，你只是在某家具超市花了一个周末，看那里有什么现成的就直接买了，因为你没有耐心一点点去弄了。只有自己耐心地去仔细研究，才能确保你的家最终呈现出你真正喜欢的风格和形象，反映出你和你的家人独有的个性，而不是成为某家具店的橱窗展示。

# 利用平面图

购买任何家具之前，要先测量房间，做好规划，看看家具有哪些可能的布局方式。不同的家具布局会带来不同的座位区域、睡眠区域或交通动线区域，根据这些来选择哪一种最适合这个空间。

最常犯的错误是：买这个房间里能放下的最大的沙发。可是，最大的沙发并不一定适合你这个房间的比例，也并不一定有助于营造温馨舒适的感觉。

先规划好平面布局，能减少沉重家具的搬动和重置。确定了你觉得满意的布局后，可以用彩色胶带来标示出大件物品（沙发、床、餐桌甚至地毯）要摆放的地方。这样你会更直观地看到最终的效果，家具运来时也能直接放在你想要的位置。

软装小贴士

规划家具布局时，不要忘记考虑空隙和交通动线。

空隙：好的布局能够最大化地利用地面空间，同时又不需要把家具紧靠墙面来布置。距离墙面保留20～30厘米的空隙是最理想的处理方法，并且也能让房间感觉变得更大——虽然表面上看起来难以理解。

交通动线：交通动线是由很多因素共同决定的，比如门的位置（门口通常有电视接线板和电源插座）以及壁炉和大型固定家具的位置（如嵌入式长椅或橱柜）。

# 利用“情绪板”

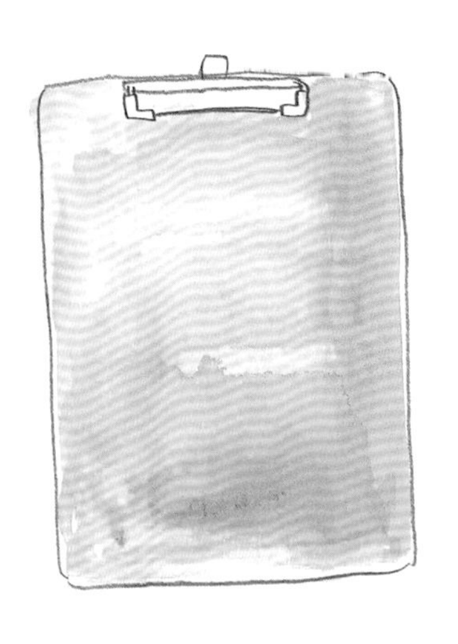

“情绪板”（mood board）能保证你的装修不会偏离轨道。购买家具、挑选油漆颜色或者向设计或施工人员展示你的愿景时，都可以用情绪板作为视觉参照。

制作“情绪板”的时候，没有任何限制——任何你喜欢的东西都可以贴上，也可以随时修改。不要被预算和流行趋势所困扰，那会让你偏离轨道。你只需着眼于你对这个空间所构想的蓝图，关注能带给你灵感的视觉图像。之后，你需要计算价格，在某些元素上做出妥协，但是在当前“情绪板”的这个阶段，你只需要专注于整理和编辑图像。

## 数字或实体

情绪板如何呈现呢？你可以选择你喜欢的任意媒介。如果选择实体的情绪板，那么，花一个下午，用杂志、剪刀、木板和别针就可以完成。也可以选择数字的情绪板，有很多网站都可以用来创建虚拟情绪板，比如Pinterest或Houzz。甚至还有一些APP应用程序（详见第183页），也可以帮助你创建漂亮的数字情绪板。

情绪板上可以有什么?

- 织物样品
- 墙纸和油漆样品
- 能给你的色彩选择带来灵感的东西
- T台时装秀
- 缎带/边饰
- 宣传册彩页剪纸
- 杂志彩页剪纸
- 旅游纪念品

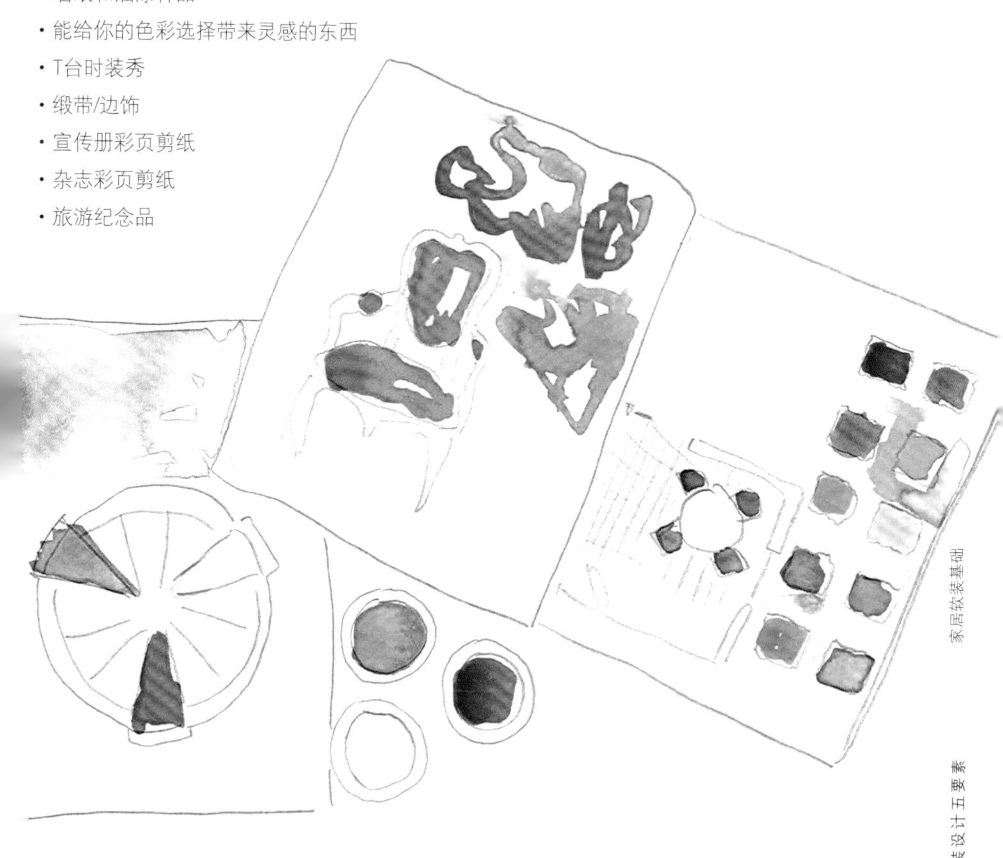

# 选择配色

现在，是时候给你的房间选择配色了。我们在前面的“色彩与图案”一节（第15页）里已经讲过，一个房间最好选择三到五种颜色。

有时候，从家具和饰品开始着手会比较容易。看看你喜欢什么家具饰品，然后将其作为配色选择的起点。而不是生硬地去制定一套配色然后严格遵循，却发现无法找到符合你的设想的元素。

一般来说，大件物品，比如沙发、扶手椅、餐桌和餐椅等，我们倾向于选择相对中性的颜色。这意味着你的配色不会太早就受到限制。锁定了这些大件物品后，你就可以在艺术品、地毯、靠垫和其他室内装饰品的选择上尝试你喜欢的配色。

织物的中性底色会帮助你确定你的配色是需要凉爽的还是温暖的色调。如果你选了一张炭灰色沙发，那么你的配色更适合于冷色调。如果沙发是米色或灰褐色，温暖色调的配色会更适合。尝试不同的选择——第一次很可能做得不好。你可能需要收集一些织物样本，或者逛很多次商店之后，才会开始感觉你的配色方案逐渐成形。

安全的配色方案

- 海军蓝+白+浅褐色
- 粉色+橘色+石灰绿
- 深红+海军蓝+棕褐色
- 薄荷绿+桃红+鸭蛋蓝
- 淡紫色+灰色+炭黑
- 钴蓝+灰绿+柔灰
- 蓝莓蓝+紫红色+薄荷绿
- 柔灰+炭黑+芥末黄
- 赭色+芥末黄+灰褐色
- 蓝绿色+紫色+水绿色

# 落地实施

家居软装的整个设计计划是一个很耗时的过程，但是，在这个过程中多付出一些努力还是值得的，这样你才能有一个详细的落地方案，最终实现预期的效果。虽然装修的过程中你会很容易感到兴奋，急于求成，但最好还是按照前面几页介绍的步骤，这样能保证你的设计方案更顺利地落地实施。

有一个计划遵循着来实施意味着你不必一下子考虑很多决定。采购东西的时候头脑里可以参考平面布局、情绪板或配色方案，或者当你做最后的修饰时，也可以用你之前做好的完善的计划作为指导。

于是，当你对平面布局、情绪板和配色方案都感到满意之后，你就可以开始你的装修过程中最有趣的环节了——用你辛苦赚来的钞票购买一些新物件。

## 采购过程

采购过程中有三个重要阶段：大件物品、软装饰和最后润饰。我们可以把装修的过程分解成几个部分，其中最重要的两个，一个是采购过程的开始，这时候你要决定装饰风格的大方向；另一个就是最后润饰的时候。

### 1. 大件物品

从头开始进行家居装饰时，最理想的做法是先购买大件物品（例如沙发、床或桌子）。大件物品在房间里最显眼。挑选这些大件物品时，最好选择中性颜色的织物和材料，能确保使用寿命和实用性。

中性的底色也能让你在未来使用这些家具的时间里，随时可以尝试不同的装饰和配色。只要更换装饰品即可，就能让房间呈现出全新的面貌。

挑选大件物品时，可以将其添加到你的情绪板上，随时检查自己有没有偏离正轨。明确自己的选择之前，不要轻易购买。你会发现你在这些大件物品上最初做出的选择很可能不会保持不变。在你计划好的风格的基础上可以尝试轻微的调整和变化，直到感觉对了为止。

2. 软装饰

把挑好的家具添加到情绪板上之后，你就可以进入第二阶段，软装饰包括地毯、艺术品、靠垫、窗帘、台灯等。这些软装饰能把大件家具衔接起来。在色彩和材质上随时参照你最初的设计计划，这样，选择软装饰的时候会更容易。记住三到五种颜色这条规则，挑选装饰品时就不会看得眼花缭乱，能更快地把注意力集中在适用的东西上。

首先选地毯。选好地毯，然后根据地毯来搭配靠垫和艺术品，显然比反过来做更容易一些——如果你想在地板上加点颜色的话。墙面艺术装饰有无穷无尽的选择，从几何色块构成的数码画，到质朴的金属雕塑和带框的家庭照片。地板装饰物的选择就比较少了。选好地毯之后（有关地毯的选择详见第166页“地毯”一节），根据地毯的颜色来选择艺术品、靠垫和其他元素。比如可以选一个颜色相近的灯罩，或者选中性色的，但上面的修饰和地毯很搭。

### 软装小贴士

如果感觉自己在创意上筋疲力尽了，你可以休息一下，在这个房间里住上一段时间，之后再决定怎样进行最后的修饰。暂停能让你转换思路，甚至给予你完全不同的视角。

### 3. 最后润饰

第三个阶段往往被我们直接省略了。因为此时，大件家具已经到位，你会感觉自己没有了装饰的热情。也许你的银行账户在前两个阶段已经告急，所以经济上你也需要让自己缓和一下。但是，家装的乐趣到这里还并未结束。最后的润饰是让房间变得舒适宜人的关键，没有这些润饰，你会永远觉得好像缺点儿什么。

**最后的润饰包括：**

- 旅行中带回来的小玩意儿
- 放置在茶几上的托盘
- 带相框的照片
- 花瓶
- 餐桌上的装饰品
- 任何能赋予你房间独特个性的东西

# 软装工具箱

装修过程中你会用到的工具有：

- 钢笔、铅笔、橡皮
- 记事本/剪贴簿
- 照相机
- 卷尺
- 直尺
- 剪刀
- 彩色胶带
- 蓝丁胶
- 便利贴
- 锤子、钉子
- 挂钩
- 螺钉

# 2

# 玄　关

# 玄关软装概述

你家里不是所有区域客人都能看到，但是来到你家的任何人进出时必然会看到玄关。玄关应该是一个让人感到亲切舒适的地方，把这个地方装饰好，能让客人对接下来在你家的其他地方看到的充满期待。

正门可能是你的家庭成员以及客人使用的唯一入口，或者也可能是仅供客人使用，仅供客人使用的话你可能就会忽略正门，因为你自己不是每天早、晚都走这个门。注意入口的使用，并从不同的角度考虑玄关空间，这样你才能发现这个空间到底需要什么。

玄关的布置可以将入口处长长的走廊拆分开，给予这个小空间一个明确的功能。这里也可以展示家庭照片以及其他你喜欢的东西。可以在门边加一张边桌，用来放置钥匙、信件以及其他你回家时会带着的东西。

# 正门

第一印象很重要——我们常说不要根据封面来判断一本书，但是对正门来说，你很难不去根据这扇门来想象门后的样子。对来到你家的客人来说，正门就是个前导广告，提示他们门打开后会看到什么，所以没有必要把正门弄得严肃正规。可以添加一些能体现你和你的家人性格的元素，向客人暗示，门后是一个时尚而充满个性的家居空间。

正门的装饰不必非得花大价钱。你可以用一个周末就把大门漆成你想要的样子，大胆又个性。可以加几盏灯、盆栽植物和炫目的门垫等这些相对来说比较便宜的东西，几秒钟内就能改变正门外观。窗户两侧可以安装装饰性的百叶窗，给你家房子的正面增添一些建筑特色。

如果正门要使用照明，首先想一想谁会在夜晚使用这个入口。你是否会在课余活动后，背着大包小包穿过黑暗的花园走进这扇门？还是只有客人才走这个门？用太阳能灯照亮入口，能让你看清脚下即可；或者使用一盏悬垂吊灯，给人一种优雅的感觉。也可以考虑在正门两边加一些壁凸式墙灯，可以是普通的样式，也可以带繁复的装饰，随你喜欢，只要能营造美好的照明效果。

不要忘记植物。正门前种植一些绿色植物和花卉，会给你家的入口增添个性和色彩。鲜艳的花朵能给正门带来绚丽的色彩，而绿色植物则增添了诱人的质感，让这个家显得更有居住的气息，一种充满爱的感觉。如果你家缺乏种植空间，可以考虑用两个大型盆栽植物，放在正门两边。这个位置很适合使用柑橘属植物，柑橘结果的时候，绿意中点缀一些色彩，美观大方。

# 玄关的构成

玄关可能是你家最小的地方，但就人流量而言，玄关可能是使用最频繁的地方，所以这里选用的元素要坚固耐用。多功能的装饰品更能经受时间的考验。

以下是玄关常用的元素，但并不意味着你全都需要。关键是要选择适合你和你的家庭需求的。这些元素有：

- 边桌/壁柜
- 扶手椅
- 台灯
- 吊灯
- 长条地毯
- 小地毯
- 挂钩

软装小贴士

在玄关点燃一根芳香的蜡烛，温馨亲切，会让客人感觉宾至如归。

# 软装五要素在玄关的应用

## 需求与目标

想想你在玄关需要的东西，以及你会在那里经常使用的东西。是谁使用这个空间？做什么？需要有个地方放鞋子吗？你是不是从正门进来，然后把钥匙、信件扔到边桌上，就再想不起收拾？如果有一个储物柜专门放童鞋，或者边桌上有个抽屉专门放钥匙和信件，是不是会有利于你保持房间整洁呢？

玄关可以考虑使用小物品储藏柜和鞋柜来保持整洁，使用长条地毯或门垫来防尘，使用台灯来提供照明、营造氛围。你也可以在边桌旁边放一把椅子，这样客人穿鞋、脱鞋会方便很多。无扶手的椅子既便于使用，也比较不占地方。

## 色彩与图案

玄关的颜色也是建议不超过三到五种。选择颜色时，你需要看看从这个角度是否能看到家里其他房间。如果能看到，玄关的配色就需要体现那些房间的色调。你可以通过以下元素为玄关添加色彩和图案：

- 小地毯
- 墙纸
- 灯罩
- 蜡烛
- 彩色托盘
- 偶尔摆放的椅子
- 手绘艺术品
- 一摞书
- 墙上的家庭照片
- 鲜花

## 造型与尺寸

虽然玄关可能是一个很小的、多功能的非正式空间，但却需要你投入不亚于家里其他地方的精力去设计。空间狭小可能会带来一些问题，但这正是需要你发挥聪明才智的原因，需要你去寻找解决方案。

想想玄关本身的造型和尺寸。门口、走廊、矩形边桌，上面是否有很多线条？要想打破这些直线，可以增加一些圆形的东西。例如，地板上铺一块圆形地毯，而不是长条地毯；或者在边桌上方悬挂一面圆镜（不仅是在你出门前最后一刻化妆用，镜子还能映射窗外的美景，同时给屋里增加自然光）。打破直线造型的另外一个办法是在墙上加挂钩，外套、手袋、帽子都能挂在上面。挂钩可以帮助你保持日常物品整洁，方便随时使用。

## 家具陈设

交通动线是设计玄关家具摆放时需要考虑的一个重点。如果空间允许，可以在中央摆一张圆桌，搭配一块圆形地毯，会让你进屋的时候感觉空间优雅迷人，不过要注意保证桌边有足够的空间方便走动。如果空间不大，一张窄小的矩形边桌能让你更好地利用空间，桌面上可以放些装饰物，不会影响人的走动。家里的门的位置都要考虑到，因为这些也会影响家具的选择。

你的家具选择也许无意中成了玄关的焦点——如果玄关没有其他复杂装饰的话。如果你不希望这样，你可以在边桌上方的墙上使用艺术品或带精美边框的镜子，把人的视线吸引到这里来，而不是放在边桌上。

## 照明

玄关的情调照明，比起灯火通明，能更好地调动客人参加一场精致晚宴的情绪。可以在边桌上放一盏低功率的台灯，营造出引人入胜的气氛。如果在正门两边各加一盏灯，能营造一种对称和别致的美感，同时也保证了夜间充足的照明。

# 3

# 客　厅

# 客厅软装概述

客厅通常是家里最常用的空间。客厅是你的家人、室友或客人聚集的地方，所以通常是一个多功能的空间。即使你独自居住，你的客厅也有两个主要功能：一个是招待朋友，一个是自己休闲放松。

客厅是家中相对来说比较宽敞，能够让你发挥创造性的空间，因为家具的选择非常多。与餐厅不同，餐厅主要就是一张桌子搭配几把椅子，再加上一些其他的装饰品；客厅可以有许多不同的家具配置。可能你还需要考虑一些必要的东西如何摆放，还有过道的位置，但总的来说，客厅具有最大的装饰灵活性。例如，现在有一种流行趋势，就是把更多的精力放在打造舒适的客厅上，把客厅变成一个静修式的空间，在大面积的客厅中创造一些闲适的角落。

客厅应该是你家里让你真正引以为傲的房间。客厅可能是客人在你家唯一看到的房间，因为你要在客厅招待客人，所以，舒适亲切而又具有个性，是客厅装修的关键。

# 客厅的构成

软装小贴士

箱式凳（褥榻）可以代替茶几，让客厅里少一个冷硬的木质元素。使用箱式凳也能丰富客厅的色彩、图案和质感。由于箱式凳是软面的，可以使用一到两个大托盘来放置茶几上常用的物品，晚上想喝一杯葡萄酒的时候也有个稳固的地方放杯子。

客厅装饰的构成要素有：

- 长沙发
- 躺椅
- 组合沙发
- 扶手椅
- 箱式凳
- 茶几
- 边桌
- 台灯
- 落地灯
- 吊灯
- 小地毯

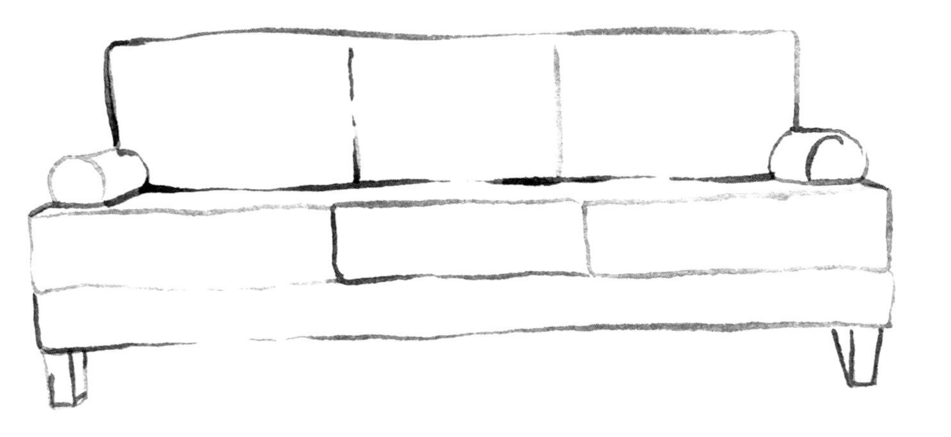

## 购买沙发

沙发是客厅里使用最多的物品。购买沙发的时候，买个好一点的还是值得的，未来几年你会得到舒适的回报。以下是购买沙发时建议考虑的因素。

**造型**：选择经典造型的款式，不会过时。

**内外**：泡沫加羽毛是沙发坐垫材质的最佳选择。这种坐垫会保持形状，除非你坐在上面，否则不会变形。带绲边装饰的沙发给人一种奢华的感觉。

**做算数**：想想你家的门和过道。不要只简单地挑选最大的——也许根本进不了过道！

# 客厅的焦点

某些情况下，客厅可以有一个以上的焦点，不过这样在设计上会很难把握。客厅中三个最常见的焦点是电视、壁炉和有美丽风景的窗户。

如果客厅有多个焦点，如何确定最佳的家具布局呢？这时候你就要想想哪一个是主要焦点。你需要营造一个“谈话焦点”吗？即：沙发和扶手椅彼此面对面摆放。或者你家客厅是以看电视为主？考虑看看是否有可能将两个焦点合并为一个。例如，电视能挂在壁炉上方吗？

现在的流行趋势是家里设一间媒体室，在客厅吃饭。这就意味着，正式的餐厅已经被许多家庭所遗忘。与过去几十年相比，我们现在更重视客厅的娱乐生活。在客厅中以美食待客已经十分常见了。

媒体室的普及也意味着电视不经意间成为了客厅的焦点。但是，如果你不想让电视成为焦点，你怎么把它藏起来呢？有很多种选择。比如把电视放在角落里，而不是客厅前部和中间，这样你就不会一坐下来就被电视吸引了注意力。或者你可以选择一台镜面屏幕的电视，这样，当电视关掉时，壁炉上方就会有一面大镜子，而不是一个大黑盒子。或者，如果你不太喜欢看电视，那就准备一块艺术画布，电视机不用时，把画布蒙在电视上。

软装小贴士

布置小空间时，可以考虑使用带桌脚的家具。这样，在家具和地板之间就留有一定的空隙。家具如果以压实状直接放置在地板上，看起来会有一种压迫感，让房间感觉很拥挤。

# 客厅家具平面布局

家具布局决定了客厅的使用。家具布局会影响你在客厅待客时和朋友的谈话交流，会影响在电视上观看大型体育比赛时的轻松度，会影响你和家人围坐茶几边，一边吃比萨一边看电影，享受家庭时光的惬意感。

下面介绍客厅家具的几种布局方式，有的适合交谈，有的适合看电视。你可以根据你家客厅的需要来选择。第64页是当你需要把餐桌放进客厅时的布局方式。

谈话焦点

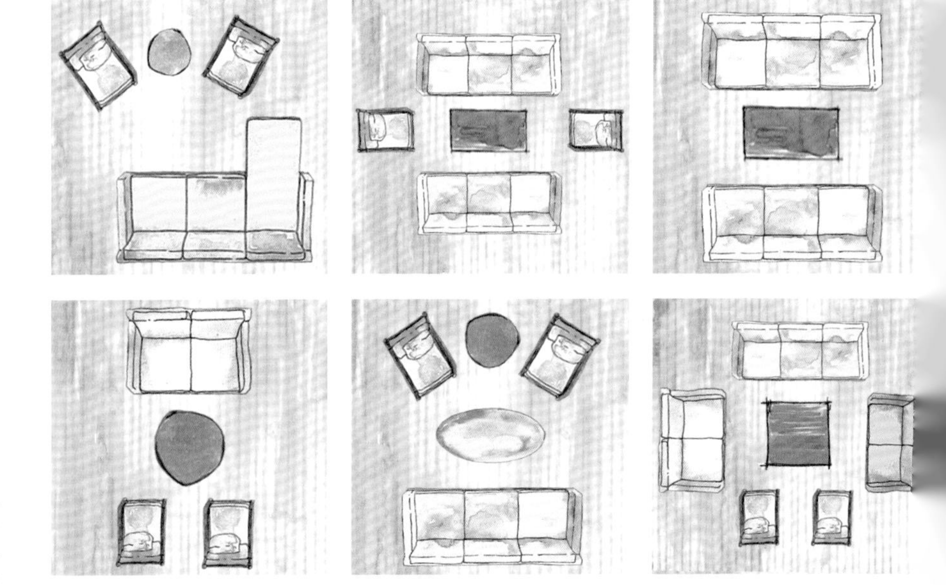

电视焦点

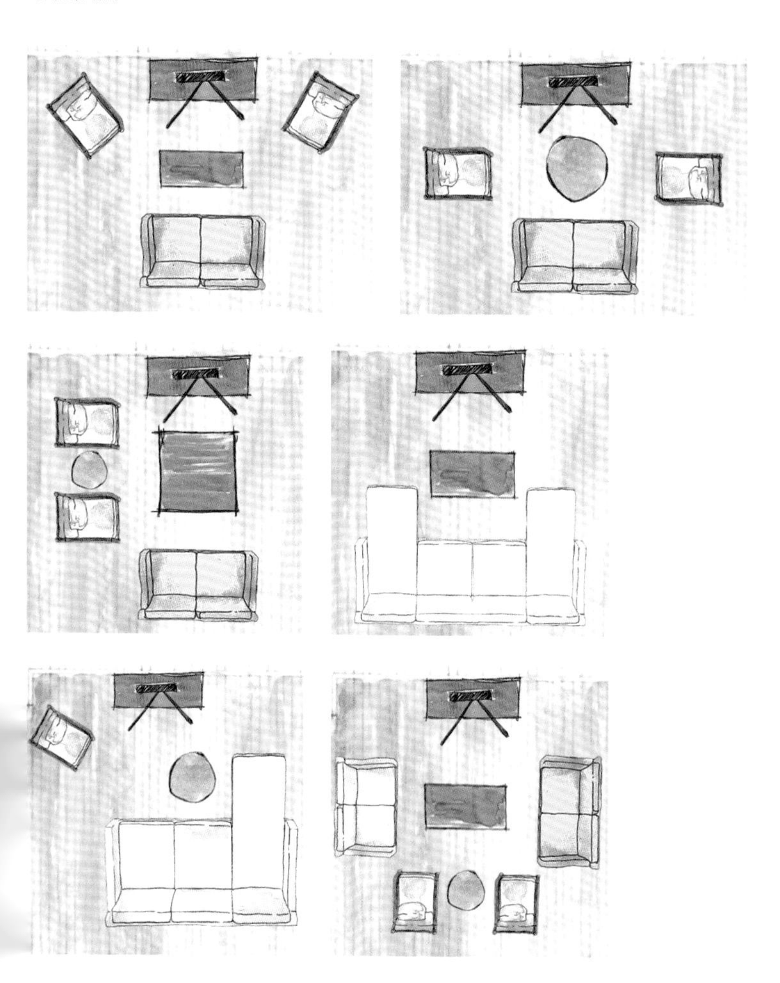

开放式矩形平面布局

L形布局

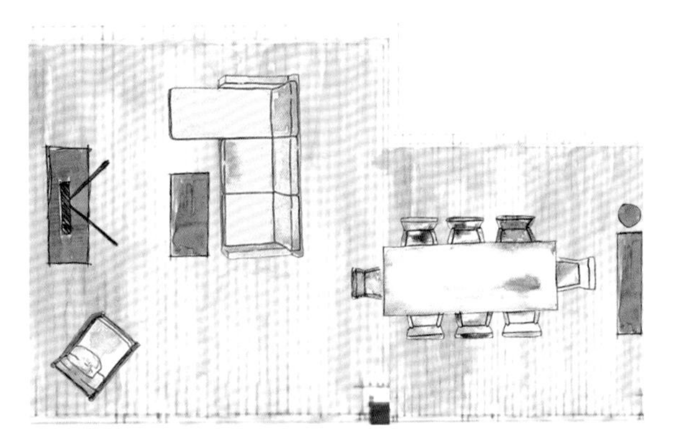

开放式正方形布局

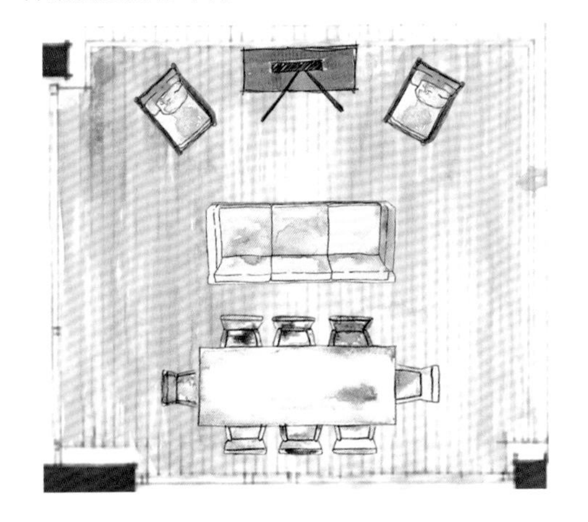

# 给客厅添点儿生活气息

室内植物在家装中越来越流行，因为植物增加了一个家具或装饰品无法企及的元素——生活！

绿色植物可以用来填补客厅空白的角落。高大的室内棕榈挺拔直立，能为室内增添垂直元素，把视线向上引领。低矮的琴叶榕可以填补空白空间，深绿色的叶片能给室内带来色彩的深度。

你可能已经注意到，室内植物出现在许多杂志的图片中，但植物通常只是照片背景的一部分。这种布景技巧以植物填充照片图景，但不会转移你投注在房间焦点上的注意力。住宅周围的景观设计也是如此，景观植物只是丰富房屋周围的图景，不占主导地位。所以如果你有园艺经验，你可以很容易地在自己家里使用这个技巧。如果你觉得自己可能无法养活一盆植物，市场上有很多漂亮的人造仿制植物可供选择。

适合室内环境的植物：

- 琴叶榕
- 花叶万年青
- 虎皮兰
- 棕榈
- 铁线蕨
- 喜林芋
- 观赏凤梨

# 沙发

软装小贴士

购买靠垫的羽毛填充物时，记得要买大一号的。这样，靠垫能用更长的时间，还会变得越来越蓬松。避免使用聚酯填充物，这种材料的靠垫很快就会像煎饼一样扁平，靠上去不舒服。

有关沙发靠垫的话题在许多家庭中颇具争议。很多人认为靠垫是不必要的物品。然而，任何软装设计师都会告诉你，沙发上的靠垫会塑造或破坏你房间的装饰风格。

## 沙发靠垫的摆放

首先，可以将两个方形靠垫摆在长沙发的两端。然后，可以添加各种形状和大小的靠垫。沙发中间可以放一个矩形的腰垫，这样能丰富沙发的图案和造型。

## 靠垫的选择

靠垫的形状一般都是标准的。以下是一些靠垫搭配方案：

- 两个45厘米×45厘米的靠垫
- 四个45厘米×45厘米的靠垫
- 两个45厘米×45厘米的靠垫 + 一个35厘米×65厘米的靠垫
- 两个55厘米×55厘米的靠垫
- 两个55厘米×55厘米的靠垫 + 两个45厘米×45厘米的靠垫

# 艺术装饰

沙发后面的墙壁是客厅里最重要的地方。你可以在沙发后面开一扇窗，让窗外的景色成为那堵墙的焦点。然而，如果你面对的是一堵空白的墙，你可以用艺术装饰为其注入生命。看看下面这些布置方式，哪一种可以更好地来陈列你的艺术作品。

# 软装五要素在客厅的应用

## 需求与目标

客厅可能是家里使用最多的房间，所以满足不同的需求这一点非常重要。孩子们使用客厅的方式与家里的成年人完全不同。所以，这个空间必须满足多种用途。列出家人在客厅中进行的所有活动，想想怎样才能更好地满足每一项活动所需。也许你家客厅白天是游乐室，玩具从一端散落到另一端，但晚上却是一个放松的空间，你和你的伴侣可以在茶几旁喝杯葡萄酒，共进晚餐。了解所有使用这个空间的人的需要，有助于你规划出一个对所有人来说都很实用的客厅。

## 色彩与图案

客厅是你运用颜色和图案发挥装饰创意的最好空间。在颜色的使用上，坚持三到五种颜色的原则。大件物品，如沙发和扶手椅，选择相对中性的颜色，以便延长使用寿命。如果你足够勇敢，想在软装家具陈设上使用图案，一般的经验是在大件物品上用较小的图案，而像靠垫这种较小的物品则使用大尺寸的图案。大件物品上使用大尺寸图案会让人感觉混乱；小尺寸图案出现在较大平面背景上时看得更清楚。朴素而有质感的面料更适合大件物品，因为这样更方便未来更换装饰风格，你可以切换焦点，而无须每次都让沙发成为主导。

### 软装小贴士

镜面家具，比如边桌，很适合放在客厅光线较暗的地方。镜面可以映射周围的颜色和图案，反射作用还可以增加房间里的光线。

## 造型与尺寸

客厅的家具可能比你家里任何其他房间都多，所以在造型和尺寸上做好规划，会有助于你创造一个赏心悦目的空间。不要全用直线。增加一些曲线，柔和的曲线边缘让人在空间里更容易放松。圆形茶几是孩子们白天玩耍的理想道具，因为没有锋利的边角，不容易碰伤。别忘了，还可以将照明融入造型和尺寸的设计中。一盏落地灯可以填补一个死角；边桌上放一盏高挑的台灯，能增加空间的视觉高度。

## 家具陈设

交通动线和客厅的使用功能对家具摆放有很大的影响。如果客厅有多个入口和出口，家具需要错开这些出入口。你家的客厅里是否有一条很自然的交通动线？或者说，你的家具布置方式是否有助于形成一条自然的交通动线？通常情况下，你需要多尝试几次，才能达到满意的效果，但提前规划好平面布局仍然会有很大帮助。请参阅第62至64页的客厅平面布置方案。

## 照明

客厅里的照明，目标是烘托情调。运用多样化的照明方式，是营造美妙气氛的最简单的方式。射灯可以搭配调光开关，方便控制光照程度。在适当的位置加几盏台灯或落地灯，或者在茶几上布置一组蜡烛，你就会拥有一间完美照明的客厅了！

### 软装小贴士

中性色的软装空间其实很难把握，很容易就变成一个暗淡的、书斋一样的单调空间。要避免这种情况，最好的办法是不要全用棕灰色的色调，增加一些变化；织物的颜色原则上要避免过于接近木质元素的颜色。

沙发和扶手椅的织物材料不要用近似色——在一个面积较大的空间里过多使用一种颜色不是一件好事。可以在扶手椅上用一种大胆的图案，形成一个醒目的焦点；或者扶手椅用比沙发深或浅一些的色调，形成对比。

# 4

# 餐　厅

# 餐厅软装概述

“餐厅”这个名字就指明了这个房间的唯一用途。但通常情况下，餐桌有很多用途。你可以在这里和朋友一起享用晚餐，也可以在这里帮孩子辅导作业，餐桌甚至可以用作家庭办公桌。周末，如果你想在沙发上一边看电视，一边吃晚饭，餐厅可能会被忽略。款待朋友的时候，餐厅变成了聚会场所，亲朋好友聚在一起吃饭，谈天说地，直至深夜。

现在基本不再分正式和日常两个餐厅了。大多数家庭都将二者合并成一个空间。尤其在大面积的开放式空间里，更是将三个空间合而为一（正式餐厅、日常餐厅、客厅）。另设一间独立的、更正式的餐厅似乎是浪费空间。这种开放式空间的趋势意味着餐厅现在更像是一个多功能空间中的就餐区。

通常，餐桌应该布置在离厨房出口最近的地方，尤其是如果就餐区是开放式空间的一部分。这样，你就不必端着食物走过客厅，也避免了这个过程中可能绊到地毯或家具上。

# 餐厅的构成

构成餐厅的家具陈设包括：

- 餐桌
- 餐椅
- 卡瓦弗椅（Carver Chair）
- 餐柜
- 餐具橱
- 搁架橱
- 边桌
- 玻璃杯陈列柜
- 酒车
- 落地灯
- 小地毯

软装小贴士

如果餐厅空间不大，最好选择不带扶手的餐椅，这样餐桌边能有更多的活动空间。对于餐桌的宝贵空间来说，厚重的扶手是很占地方的。

## 餐桌的选择

餐桌的选择很大程度上决定了房间的风格。例如，一张乡村风情的木制长桌，暗示着非正式家庭晚餐上的长谈，而一张玻璃顶面的金属桌子则拥有现代时髦的外观，更适合城市阁楼公寓里的单身汉。

以下是餐桌可选的几种材质。

**木质：**选择坚固耐用的木材，如胡桃木、橡木、柚木或松木，保证使用寿命。

**金属：**金属餐桌能带来一种工业风。可以选择表面有粉末涂层的，户外也能使用。

**玻璃顶面：**玻璃桌面容易擦拭，不会像木桌那样很快出现磨损痕迹。玻璃顶面的餐桌对于小餐厅来说是一个很好的选择——轻盈、低调，没有压迫感，还可以让你炫耀一下下面漂亮的地毯。

**中密度纤维板（MDF）：**合成木，价格便宜，但跟实木餐桌一样有一种温暖的感觉。

不要忘了确认一下，桌子是否会在运输前组装好。如果运输时未组装，那么组装所需的工具通常也在包装内。不过，还是有必要检查一下你需要的工具是不是都在里面，这样你就不必紧急地跑一趟五金店了。

# 餐厅家具平面布局

毋庸置疑，餐桌是餐厅里最突出的家具，通常占据中心位置。餐桌一般有四种形状。下面的插图展示了这四种类型的每一种的最佳布局。

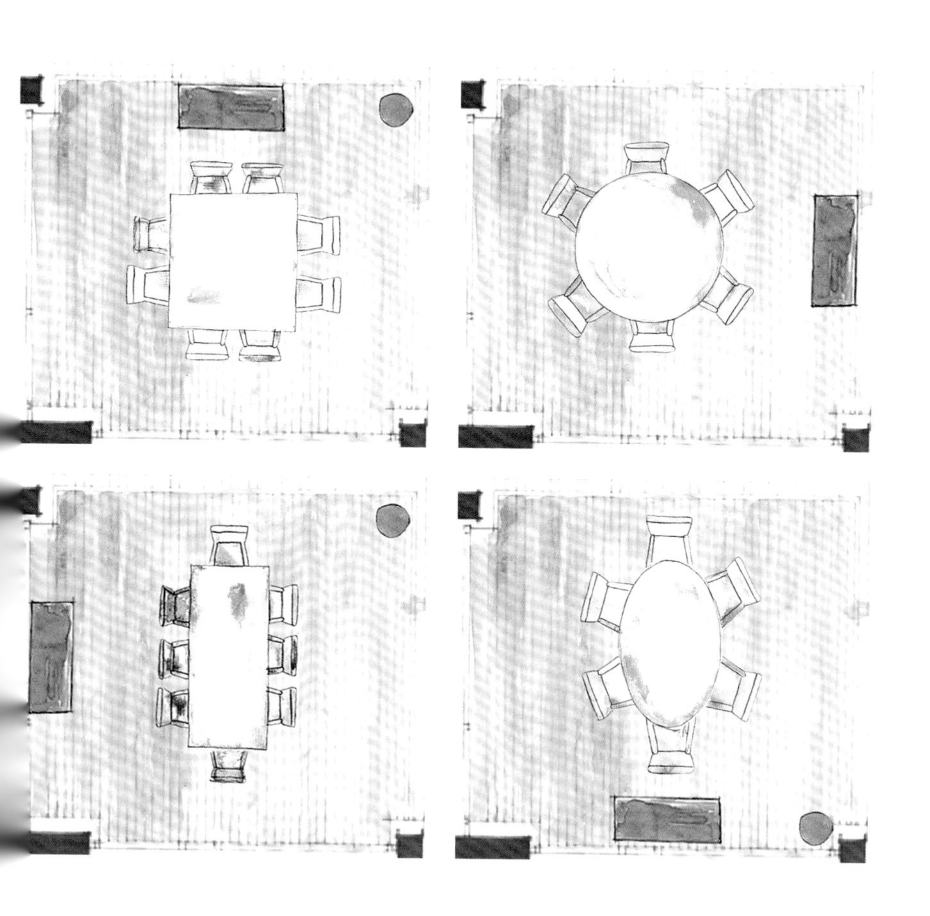

# 餐厅的储物功能

如果空间允许的话，餐厅可以用作储物空间，放置那些厨房橱柜里放不下的东西。餐厅的储物功能有很多种方式来实现，有一些，即使空间很小也可以。根据你家餐厅空间的大小，选择储物空间最大的方式。

餐厅储物方式

**餐柜**：这里说的餐柜是一种长条形橱柜，一般有四个开门。厨房里放不下的成套的茶具，都可以放在里面。

**餐具橱**：餐具橱比餐柜更长，除了开门之外，还有抽屉，适合储藏刀叉和玻璃器皿。

**搁架橱**：搁架橱是竖直的橱柜，顶部是搁架，底部是橱柜，有抽屉，有玻璃开门。精致的餐具、陶器等，可以在玻璃门里陈列展示。

**边桌**：如果餐桌比较窄的话，边桌会很有用，细长苗条不占地方，又很实用。桌面上可以摆放一些小饰品。

**玻璃杯陈列柜**：储藏易碎的玻璃杯最安全的地方。注意定期擦拭灰尘，因为有很多反光表面，有一点脏污就很容易被人看到。

**悬垂搁架**：悬挂在窗边或墙边的搁架，本身也是一种装饰。非常适合小空间。注意保持架子上面东西整齐摆放，没有灰尘，因为毕竟是陈列在外。

**酒车：**酒车是餐厅储物的终极武器。酒车的材质很多，从木材到金属都有。酒车既是储物方式，本身也是装饰。把你最喜欢的鸡尾酒和酒杯摆放在里面，这个过程就会让你乐在其中。

酒车物品构成

托盘
香槟桶
冰块夹
开瓶器
倒酒器/酒瓶嘴
容量计量器
过滤器
摇酒壶
搅棒
餐巾

# 软装五要素在餐厅的应用

## 需求与目标

想想你家的餐厅是怎么用的。这个区域是个多功能的空间吗？孩子们下午在这里做作业？晚上全家人在这里吃饭？你经常举办精心准备的宴会吗？那样的话，台式座椅会不舒服。祖母传给你的餐具和瓷器，有没有地方放？家里有没有小孩子，会经常把餐巾掉在地上？那样的话，在桌子底下铺漂亮的地毯就不那么实用了。

## 色彩与图案

餐厅里东西相对较少，色彩和图案的选择就尤其关键。通常，餐厅里最大的物品是餐桌。木材、金属和玻璃材质的餐桌一般都是中性色，在这上面为餐厅增加色彩和图案的机会有限。但是，你可以选择色彩大胆的椅子或坐垫、带花纹的地毯、明亮的窗帘或时髦的灯罩。别忘了餐桌上还可以摆放艺术装饰品，墙上也可以。

## 造型与尺寸

如果你是那种一眼就爱上某件家具，不管不顾就买回来，很少考虑适不适合你家的空间的人，那么对餐厅的装修来说，事情就会

变得非常糟糕。如果是卧室或者孩子的游戏室，你这种购买行为也许还没什么。但是，餐厅对于家具的尺寸来说却非常严格，不允许你犯任何错误。餐厅的空间应该决定你选择餐桌的大小。不过，打破常规，跳出固有思维模式，往往也能带来意外之喜。你不必因为餐厅是长方形的空间就非得买一张长方形餐桌。直线曲线相结合能赋予空间趣味性，所以椭圆形的餐桌配长方形的餐厅，会产生很好的对比效果。正方形的餐厅也是一样，摆放一张圆形餐桌往往会带来更令人满意的空间效果。

软装小贴士

餐椅后面保留50～70厘米的距离，可以把椅子向后拉出来的空间。

## 家具陈设

不用说，餐桌肯定是摆放在餐厅里的第一件家具，通常在中心位置，也是餐厅的焦点。交通动线对餐厅来说极其重要。要保证人在餐厅内可以方便地自由走动。还要考虑到餐厅内是否有各种出入口。你是从厨房走进餐厅，穿过餐厅再走到客厅吗？出入口的位置通常会决定餐桌摆放在何处。圆角的桌子比较方便人在周围走动。

## 照明

给餐厅选择照明方式之前，先要做好必要的准备工作。想想你最喜欢的餐馆的照明。是让人联想到医院候诊室的人造光吗？还是营造某种氛围的情调照明，更能使就餐成为一种愉快的体验？在你自己的家里也可以打造这种照明效果，其实没有听上去那么难。你只需要为头顶的照明（餐桌上方的射灯或吊灯）安装一个调光开关。雇个电工来做，并不贵。调光开关能让你更有效地控制餐厅晚上的照明效果。接下来，增加照明层次。你只需在房间的角落里加一盏落地灯，或在餐桌或橱柜上布置一盏台灯。还可以考虑使用壁凸式墙灯，灯光柔和地漫射在墙面上，很有情调。

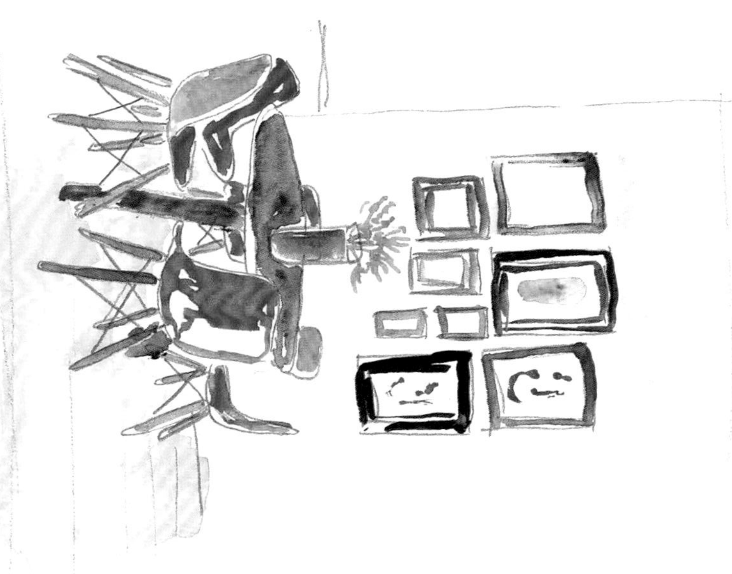

# 款待朋友

餐桌用品构成

台布
餐垫
餐巾
用餐餐具
上菜餐具
刀叉
水杯
水壶
香槟酒杯或红酒酒杯
红酒醒酒瓶
杯垫
座位牌
盐/胡椒瓶
餐桌装饰品

## 正式聚餐

晚宴是秀出你家最漂亮的餐具的最佳场合。这种正式的聚餐通常使用亚麻餐巾，有三套餐具——一套是前菜，一套是主菜，一套是餐后甜点。注意使用的盘子要与餐具匹配。至于玻璃杯，根据所喝的是水、红葡萄酒还是白葡萄酒来选择。可能你曾经以客人的身份参加过这种正式的家庭晚宴，并且席间对于吃什么东西用什么餐具感到困惑。其实原则很简单：从摆在最外面的开始，逐渐用到里面的。最外面的餐具对应前菜，离盘子最近的餐具对应主菜，盘子前方的餐具对应甜点。

## 休闲聚餐

如果是休闲聚餐，那么餐具的原则是：越少越好。通常只需要一套餐具，包括餐盘、前菜盘、水杯、红酒杯和餐巾纸。不过，每个人对休闲的定义各不相同；有时候休闲聚餐甚至可以用手抓着吃，不需要刀叉，甚至连盘子都不用。

# 5

# 卧　室

# 卧室软装概述

卧室应该是你的藏身之处，你宁静的绿洲，让你可以放松的避难所。然而，在家装中，主卧往往被忽视，重点都放在客厅和餐厅了。原因很简单——卧室只有你、你的另一半、家庭成员或室友能看到。都没什么人会进来，为什么要花钱费力地装饰呢？答案是：为了你自己的愉悦和放松。

我们生命里大约三分之一的时间都在睡觉，但卧室不仅仅是睡觉的地方。卧室里还会进行很多其他的活动，从阅读、吃早餐到计划下一个假期的活动安排。既然你在卧室里花了这么多时间，花点时间按照自己的品位装饰一下房间，还是很有意义的。

尽管卧室可以是一个多功能的空间，但是首先要确保这个房间是一个让人可以放松的地方。这里不是工作的场所，也不是用高科技带给自己过度刺激的地方。

说到卧室，很多人最感兴趣的一个话题就是卧室里要不要放电视。如果你的卧室里有电视的话，不要让电视成为房间的焦点。也许你可以选择一台小屏幕的电视，不用的时候藏在滑动柜门后面，或者布置在房间里不那么显眼的一边。

# 卧室的构成

构成卧室的家具陈设包括：

- 床
- 床头柜
- 床凳
- 衣柜
- 五斗柜
- 桌子
- 椅子
- 扶手椅
- 床头灯
- 小地毯

软装小贴士

如果你想给卧室注入一些幽默和趣味性，看似不匹配的床头柜会给你带来别样的感觉。不过要确保床头柜跟房间整体风格仍然是相辅相成的。两种截然不同的风格会发生冲突，导致怪异的不和谐感。

# 卧室家具平面布局

卧室房间的形状会在一定程度上决定床的位置。理想情况下，床头应该抵在你进入房间时面对的墙壁。这样，漂亮的床或者床头图案会成为卧室的焦点，而不是让床边成为焦点。以下是可供选择的几种卧室家具布局。

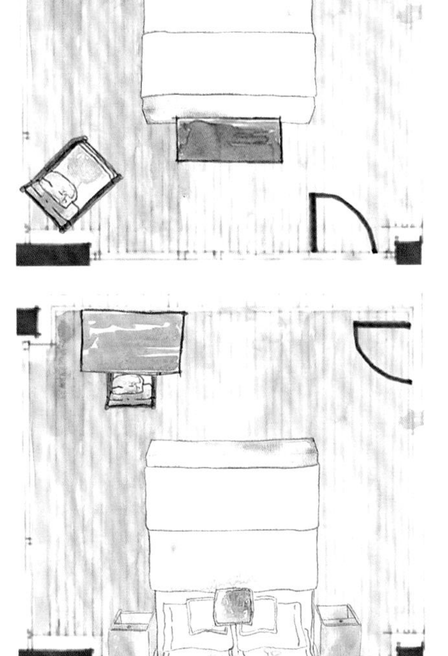

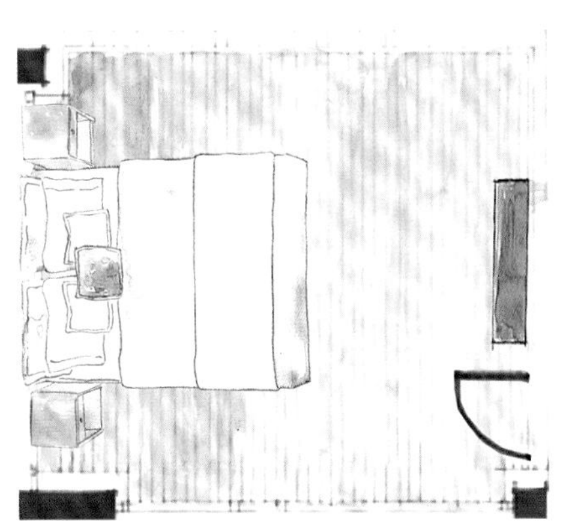

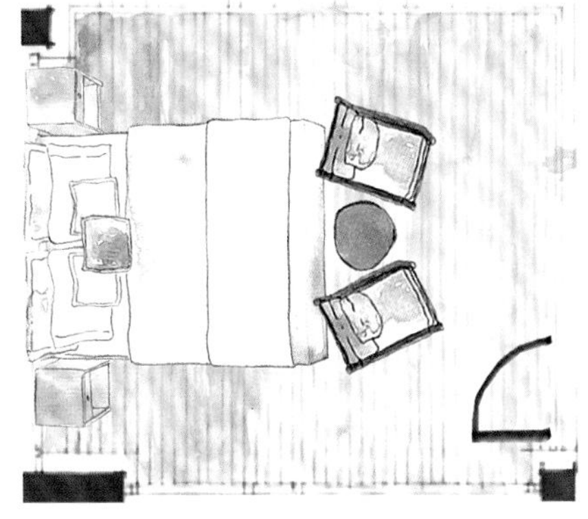

# 床的种类

软装小贴士

如果卧室没有嵌入式壁柜，你可以添加一些隐藏的储物空间。比如床垫下的抽屉、气垫床下面的储藏空间或者箱式凳（盖子可拆卸，非常适合储藏冬季的毯子和厚重织物）。

可供选择的床的种类有很多。

**床垫一体式：**整个床架看上去就像自带床垫。四周可以加上短帷幔，营造一种古典的感觉，还可以加个床头，起到装饰作用。

**床架+床头：**这种床也很简单，就是床架加上嵌入式床头，材料通常用木材，或者外面用结实的织物包覆。

**雪橇床：**这种床的床架很大，实木的，很结实，并且有与之相匹配的曲线形实木床头。

**四柱床：**四柱床有四根床柱指向天花板，会让卧室看上去富丽堂皇。通常以织物（如蚊帐）覆盖在床柱顶部，在床的上方形成一个华盖，更显高贵优雅。

## 卧室日用织品

如果你想营造出奢华酒店的感觉，就要用高档的织物用品，并搭配室内装饰品，让卧室更有层次感。丰富的织物用品本身也能制造层次感，包括老式水洗亚麻床单、羊毛靠垫、羊绒小地毯和剪绒地毯。

床上用品的选择，最简单的就是选白色。白色也最容易营造奢华感——只要清洗的时候不要忘记漂白。白色的床单是极致简单而高贵的奢华。布置一些装饰性的靠垫，使用彩色或带花纹的床旗（也叫床尾巾、床尾垫）或天鹅绒被罩，为房间增添色彩。

如果想让卧室氛围更轻松，可以选择纯棉和亚麻，而不是天鹅绒和羊毛材质。混搭布置的靠垫会让人放松，所以可以使用各种尺寸的靠垫，制造一种随意的感觉。如果你是那种不爱整理床铺的人，你就可以选这种风格。天鹅绒的被罩一拉，上面扔几个零星的靠垫，每天早上收拾床铺的麻烦就解决了！

# 床的装饰

一张装饰完美的床，并不一定需要你用半个上午的时间去搭配组合。按照以下的床品清单和步骤，你可以轻松打造一张舒适美观的床。

床上用品的构成

欧式枕头
标准枕头
装饰靠垫
床单
天鹅绒被罩
床旗

将两个欧式枕头靠在床头或墙上。然后将标准枕头放在欧式枕头前面，装饰靠垫放在标准枕头前面。装饰靠垫可以按照你的喜好任意组合，比如使用两个或三个不同大小和形状的靠垫。把床单往回折，盖在天鹅绒被罩上方。最后，在床尾铺上床旗。

枕头靠垫类床品清单

- 欧式枕头：60厘米×60厘米
- 标准枕头：50厘米×65厘米
- 散置式装饰靠垫：45厘米×45厘米
- 装饰腰垫：35厘米×65厘米
- 早餐枕：50厘米×80厘米

枕头靠垫的包边

**无包边：**没有任何花哨的包边，就是简单的直线边角缝合。
**绲边：**绲边的包边布料可能与枕头或靠垫本身相同或不同。
**宽边：**软布宽边，材料与枕头或靠垫相同。
**装饰镶边：**跟绲边类似，但装饰性更强，比如使用小绒球或者流苏。

## 枕头靠垫的组合搭配

怎样决定床上需要多少枕头靠垫呢？看看下面这些组合，想想你希望你的床上出现哪种搭配。

搭配1

两个欧式枕头+两个标准枕头+两个散置式装饰靠垫

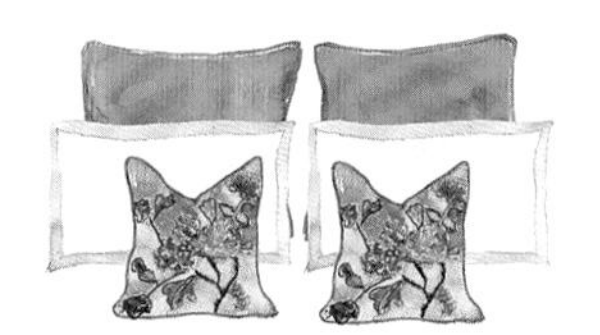

搭配2

两个欧式枕头+两个标准枕头+一个装饰腰垫

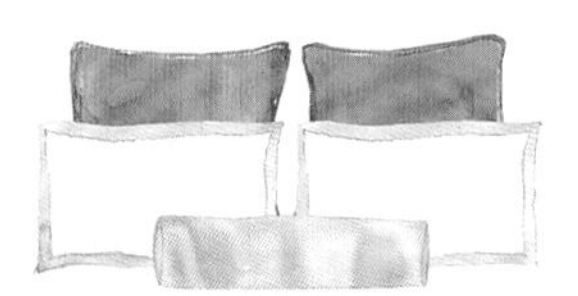

搭配3

两个欧式枕头+两个标准枕头+两个散置式装饰靠垫+一个装饰腰垫

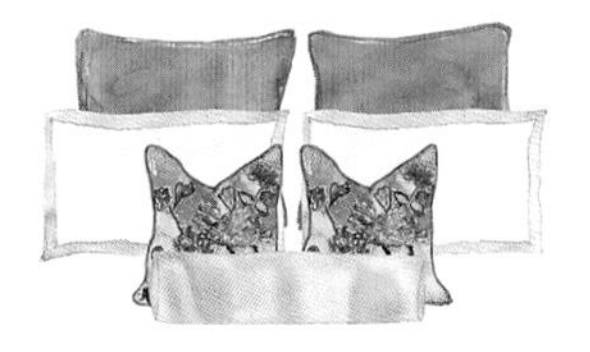

搭配24

四个标准枕头+一个装饰腰垫

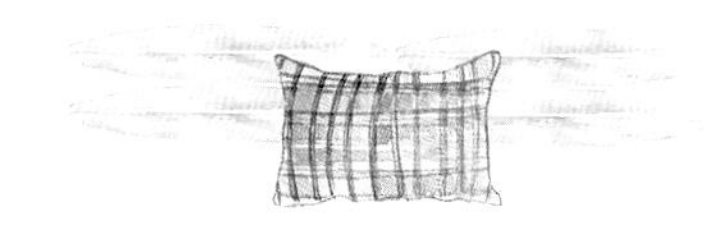

搭配25

四个标准枕头+两个散置式装饰靠垫

搭配26

两个欧式枕头+两个标准枕头+三个散置式装饰靠垫

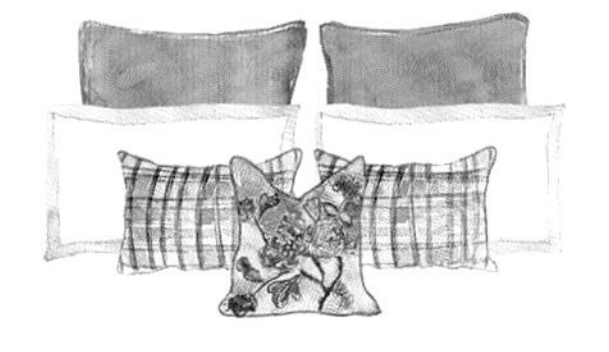

# 卧室背景墙

卧室里有很多地方能够制造焦点，可以是床上用品，床头装饰，或者是一把扶手椅。不过，如果想做得更大胆一些，你可以打造一面背景墙，尽情释放你的创造力。

## 背景墙的选择

- 墙纸
- 墙面漆
- 艺术图片展示（详见第176页“艺术”）
- 镜面
- 艺术品展示

# 床侧

床头柜是展示你的装饰技巧的另一个地方。如果你知道自己经常在床头柜上放很多杂乱的东西，很难保持整洁，那么你可以选择带抽屉的床头柜。为了方便使用，床头柜应该与床垫的顶部大致对齐。请参看右侧的床侧物品清单，选择适合自己的物品来装饰你的床头柜。

床侧的构成

花瓶
鲜花
戒指盘
置物盘
蜡烛
画框
书
台灯
装饰品
闹钟

装饰物品，填补床头柜上的空白处，使之看起来更美观

有一定高度的台灯（纵向挑高）

一盆花，给卧室增添色彩

一摞书（横向拉伸）

# 客房

## 客房的构成

双人床/中号床
床头柜
床头灯
水杯
闹钟
备用毯子
睡袍
鲜花
手纸
浴巾、面巾
牙刷、牙膏
洗发水、护发素
护手霜
床头读物
记事本、钢笔
蜡烛
火柴
衣挂
干净的垃圾箱

装修客房时，想想你的豪华酒店之旅，试着为你的客人重现那种感觉——不过显然是在可以接受的预算的基础上！秘诀就在于细节：一支护手霜，一把牙刷，让健忘的客人感觉宾至如归。

如果有空余的空间，客房的衣柜可以留出一小部分，这样如果客人要住不止一个晚上，他们就有地方存放自己的衣服。确保客人知道在哪里能找到你为他们准备的一切。没有什么比晚上很冷却不知道备用毯子放在什么地方更糟糕了。

参看左侧的客房物品清单，确保考虑到客人的所有需求。

软装小贴士

鲜花是客房必不可少的点缀。鲜花会让客人觉得你贴心地为他们的留宿考虑了所有细节。

# 软装五要素在卧室的应用

## 需求与目标

卧室里的大部分活动都围绕着床展开，所以在布置房间时应该把床作为主要考虑因素。卧室的需求相对明显。不过，要考虑到跟你共享卧室的你的伴侣的需要。这是绝对有必要的。例如，你的伴侣可能喜欢躺在床上看书，因此需要一个有弓形臂的台灯。不要盲目地埋头准备，思考具体的细节是关键。

## 色彩与图案

卧室的色调一般比较淡雅，但不应该因此而单调乏味。你可以随心所欲地给卧室增添色彩和乐趣，但是要提醒自己，当你进入卧室时，应该是一种平静的感觉，而不是让你的眼睛从一个明艳的元素跳到另一个明艳的元素。大面积的平坦整洁的床单也能让你达到一种庇护所般的宁静感觉。可以利用散置的靠垫和小地毯为房间增添色彩和图案。如果你实在是喜欢床单上有色彩和图案，可以选择纯色的枕头和靠垫，这样就不会造成图案冲突。

## 造型与尺寸

你可能一直想睡特大号床（King Size），但如果房间面积不允许，你可能只能选择中号床（Queen Size）。床头是卧室装饰的重头戏。你可以选择带软垫的高大床头，让卧室显得富丽堂皇。或者选择中性的布艺床头，摆上枕头，看起来温馨又优雅。不要忘了床的高度，这一点也很重要。如果房间天花板已经感觉很低了，就不要选择床垫一体式的高大床架了；这种情况下，选择较低的床架比较好，因为能让天花板感觉更高。

## 家具陈设

床的位置是最重要的。这方面有很多风水法则可以参考，但最终还是取决于房间的大小以及门和衣柜的位置。有一条很实用的法则：让床头靠着最长的那面墙。如果这面墙在主要入口门的对面，那么这种摆放方式形成的比例就最完美了。理想情况下，床的两边需要留大约60厘米的空档，方便上下床。

## 照明

在你家所有的房间中，如果说哪个房间最能从照明中受益，那就是卧室了。巧妙的照明对于烘托卧室的氛围至关重要。如果有多个光源，比如台灯和落地灯，那么调光开关就会很有必要。还有一点需要考虑，那就是你早上在卧室整理仪容时，是否使用卧室里的镜子。如果自然光不够，你需要确保有足够的顶灯照明。

# 6

# 家庭办公

# 家庭办公空间软装概述

*如果说每个家庭都有一个房间，那里保证是垃圾、纸张和各种杂物到处堆放，那就是家庭办公室或书房了。这个空间往往容易被我们忽视。这听上去不可思议，因为我们工作的房间、组织家庭生活或支付家庭账单的房间，应该是干净、整洁、有条理的。*

为书房多花点心思，多付出些时间整理，会对你有很大的帮助，特别是整理文档的时候。把东西放在适当的位置意味着你的家庭办公室总能保持井然有序。第一步是考虑房间的布局和空间的最佳利用。

家庭办公室的装饰，要注意功能和设计相结合。选择能够满足你的存储和美观需求的家具，你会发现书房会保持得更整洁有序。别忘了墙面空间也可以用来储物或帮助组织储物空间。

# 家庭办公空间的构成

家庭办公空间的构成包括：

- 桌子
- 椅子
- 台灯
- 书架
- 文件柜
- 其他储物空间

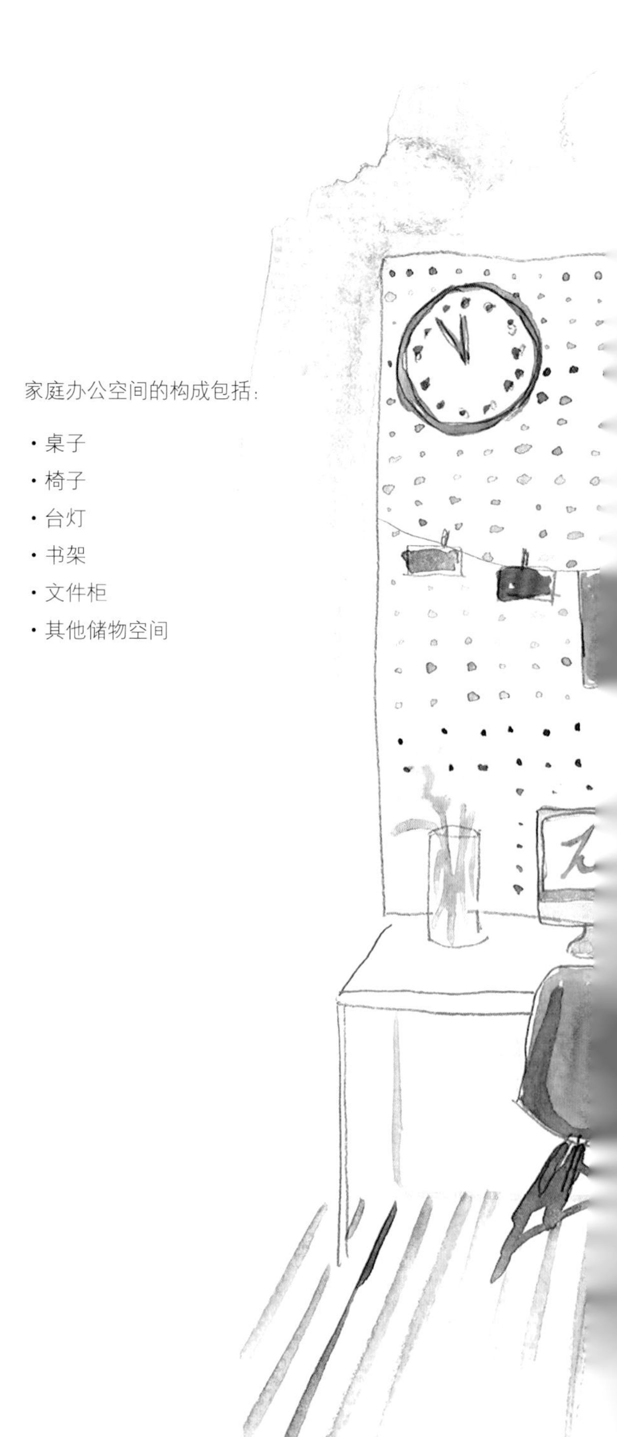

# 办公桌的装饰

保持桌面干净整洁的关键是良好的组织和规划。但也要考虑到桌上物品的比例和平衡。

台灯通常是桌上最高的物品，所以可以用台灯作为布置其他物品的参照。花瓶也可能很高，所以可以把花瓶放在桌子上台灯对面的一侧来达到平衡。在这些较高的物品周围布置一些小物体，比如铅笔盒和托盘。在办公桌上方挂个软木板，未付的账单、“待办事项”清单，都可以用图钉钉在上面，帮助你保持财务和家庭事务的正常进行。按照右侧的清单，打造你自己的专属书桌吧！

办公桌的构成

台灯
时钟
电脑
鼠标
打印机
软木板与图钉
储物盒
公文格/收文蓝
纸篓
写字纸
钢笔、铅笔
尺子
订书器
胶带
回形针

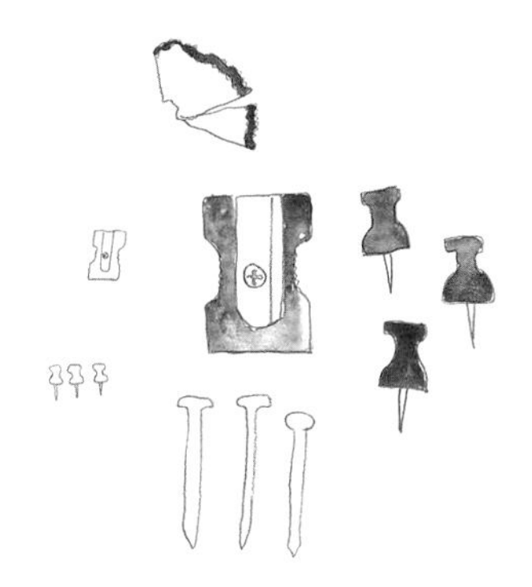

# 家庭办公的储物空间

优雅、妥善的储物空间能够满足你的家庭办公需求，而且很可能随着你家庭的成长或者你职业的变化，满足你长期的使用需要。

嵌入式储物柜安装在家里任何地方，都会是非常实用的、为空间增值的家具。搬进去的时候，嵌入式储物柜为你提供了随时可用的储物空间，有效加快了物品安置的过程，尤其是针对书房散乱的纸张、大量的笔和堆积如山的文件。

如果不方便安装嵌入式储物柜，独立的储物架也是很好的选择。当你的储物需求改变时，储物架可以从一个房间移到另一个房间，而且架子上还可以展示特别的物品，给你的家庭办公空间增加设计感，显得独具一格。开放式储物架是租房者的最佳选择，架子可以轻松打包，搬到下一个家。

储物空间的选择

- 嵌入式储物柜
- 带嵌入式储物柜的桌子
- 文件柜
- 储物盒
- 书柜
- 开放式储物架

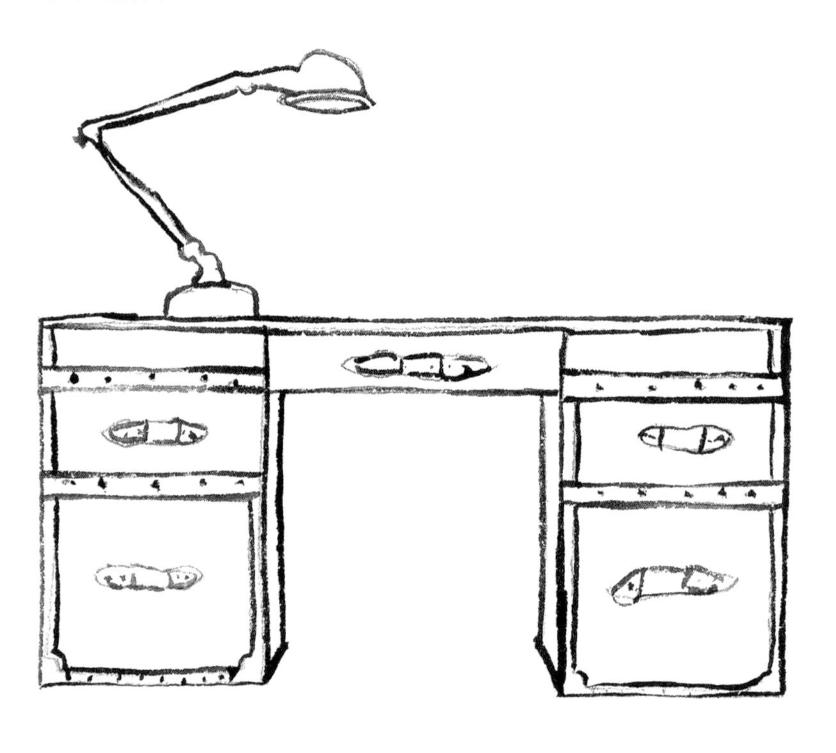

# 软装五要素在家庭办公空间的应用

## 需求与目标

列出发生在你的家庭办公室的具体活动将有助于你确定这个房间到底有什么作用，在哪里为每项活动分隔空间。你的家庭办公室是个多功能的空间吗？里面有桌子、沙发床和健身器材？也许你可以把健身器材搬到车库，腾出一些空间，让你的家庭办公环境更加井然有序。家庭办公室最重要的功能之一是提供实用的储物空间。这里可能放壁橱和文件柜，所以，精心选购合适的储物家具是家庭办公室装修的一个好的开始。

## 色彩与图案

为家庭办公室选择配色可能很难，因为房间里有这么多的元素需要考虑。中性色的墙面最常见，因为你不会整天被墙壁吸引了注意力。桌子和其他家具最好也用中性色，方便搭配。色彩和图案的应用可以通过椅子上的织物，或者用一块彩色织物覆盖桌上的软木板。桌上可以添置一些色彩明亮的装饰品，展示你的装饰天赋。

## 造型与尺寸

如果你想把一张桌子或者一张床挤进你的家庭办公空间，你需要考虑每件家具的大小，以确保你对空间的利

用是明智的。把你想要在这个房间里配备的家具列一张清单，然后测量空间，规划平面布局，以确保所有家具都能放下。有些地方你可能不得不妥协，但储物空间可以很灵活，总能有合适的解决方案。你可能需要打破常规，创造性地思考，来满足家具和储物的需求。

### 家具陈设

书桌应该占据主要位置——也许在窗户下面，靠墙，或者居中。无论你把书桌放在哪，书桌前面的墙壁或窗户都需要注意装饰，比如用艺术品、窗帘或软木板。软木板是办公桌前方的理想装饰，既能满足实际需要，又能给你一个地方来展示图片，比如孩子的绘画、照片或其他给你以启迪的图像。

### 照明

功能性照明在家庭办公室中至关重要。为防止眼睛疲劳，建议使用多种光源，包括自然光、台灯和头顶照明。如果顶灯太亮，白天使用，电脑屏幕上会产生晃眼的眩光，所以，这时候能够改变照明方式（包括通过窗户调整自然光）是必须的要求。

软装小贴士

家里房间有限，没办法拥有一间独立的家庭办公室吗？没关系，家里任何地方，只要空间足够，都能布置书桌。想一想，你家客厅是否有没用到的角落？或者长长的过道，也可能刚好能放下一张小桌、一把椅子。

# 7

# 婴儿间 / 儿童房

# 婴儿间/儿童房软装概述

婴儿间或儿童房需要有一些不同的感觉。最重要的是，这个房间应该让孩子感到安全、舒适、平静和愉快。这个房间是孩子的巢，是逃离烦人的兄弟姐妹的避难所，是玩累了一天之后安全休息的地方。每个人的童年只有一次，为什么不把你家孩子的房间变成一个特别的地方，让他们终生难忘呢？

装修婴儿间或儿童房不需要花费你一整年的薪水。装饰孩子的卧室有很多便宜又好用的方式。总的来说，只要购买所需物品，然后一一布置就好了。另外，你的孩子可能还没有继承你昂贵的品位，所以，连锁店购买的或自制的物品就能让他们满意。最重要的是，孩子的房间装饰要注重趣味性，让孩子通过装饰房间来表达自己的个性。

# 婴儿间的构成

软装小贴士

购买家具的时候要注意，要买你未来几年都能用的家具。更换尿布的尿布台是必须的吗？也许用你家的五斗橱就行，只要在上面铺上尿布垫就可以了。

婴儿间的构成包括：

· 小床
· 尿布台、尿布垫
· 看护椅子
· 五斗橱
· 储物篮
· 台灯
· 小地毯

## 软装小贴士

选购看护椅之前有必要先做做功课。以下就是你购买之前需要考虑的因素。

扶手要低：抱孩子的时候不会让手肘杵在自己身上。给孩子喂奶的时候，胳膊能搭在扶手上，但是要确保胳膊不会因为抬得太高而不舒服，导致你只能坐在椅子边缘上。

椅背要高：夜间给孩子喂奶的时候，头有地方可以靠。

摇摆功能：要在普通的扶手椅上把孩子摇睡，几乎是不可能的。摇摆功能会使你免于站立几个小时把孩子摇睡。

脚凳功能：白天晚上的任何时间你都有可能需要坐在这张椅子上，所以，有个地方能把脚搁上歇歇会很舒服。

质量要好：多花些钱买一张好点的看护椅是值得的，看护家里每个孩子都能用到。

多功能：孩子长大后，这张椅子能作为普通的扶手椅用在客厅里。

# 宝宝到来之前的装饰

软装小贴士

利用旧物需要注意。看看能不能重新粉刷，使其符合你选择的主题。

在不知道宝宝是男孩还是女孩的情况下装饰婴儿间是完全可能的，并不困难。确保床上用品、看护椅、尿布台等大件物品颜色相对中性。可以选择淡黄色、薄荷绿、灰色、褐色，甚至茶色。

宝宝到来后，你可以根据宝宝的性别添加第四或第五种颜色，作为醒目的点缀色。这样的话，未来如果下一个宝宝是不同的性别，想改变这种颜色也很容易，不必花费太多。

你可能想给宝宝的婴儿间设计一个主题。不过，主题的选择往往很伤脑筋。下面是一些可行的主题：

- 马戏团的动物
- 非洲草原旅行
- 航海
- 公主殿下
- 北欧极简风
- 探险

# 婴儿间家具平面布局

如果你没有事先计划好并制定出婴儿间的粗略平面布局，那么走进婴儿家具店你会觉得无所适从。婴儿间最重要的部分是婴儿床和尿布台。先把这两样东西的位置确定，你会发现其他物品，如看护椅、落地灯和书架，位置就会很容易决定。下图的三种婴儿间布局可供参考。

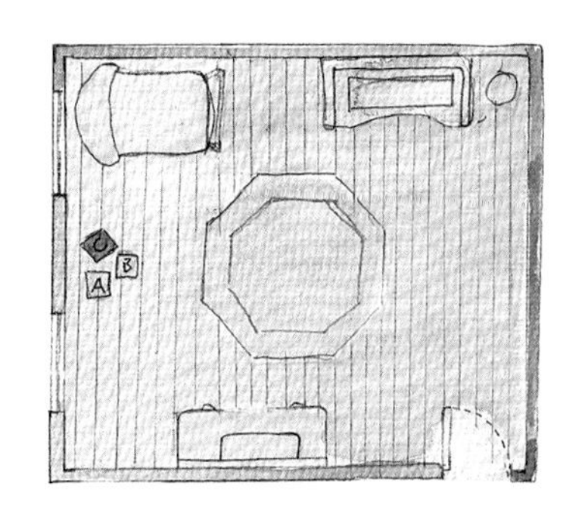


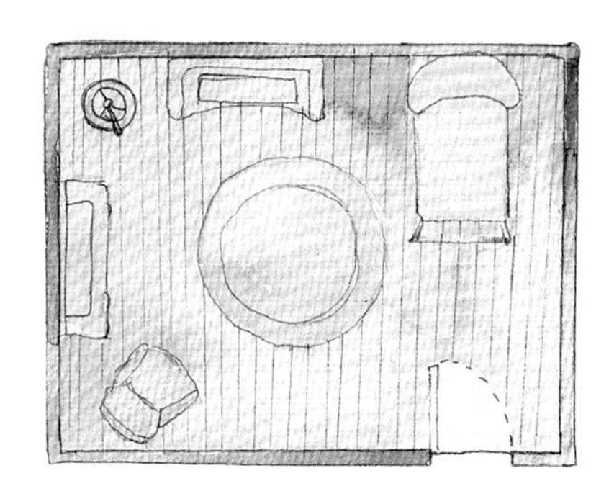

# 儿童房的构成

儿童房，即孩子的卧室，构成包括：

- 床
- 大床下面带滚轮的小床
- 床头柜
- 书桌
- 椅子
- 扶手椅
- 洗衣篮
- 台灯
- 小地毯

储物空间包括：

- 衣柜
- 五斗橱
- 玩具箱
- 置物架
- 置物篮
- 挂钩、衣架
- 床下抽屉

# 儿童房家具平面布局

因为床通常是孩子房间里最大的家具，所以把床放在最合适的位置对空间非常重要。床放好之后，房间里其他物品的位置就容易确定了。

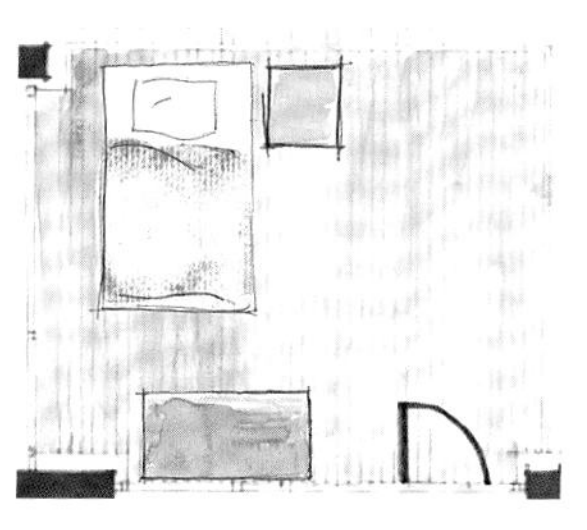

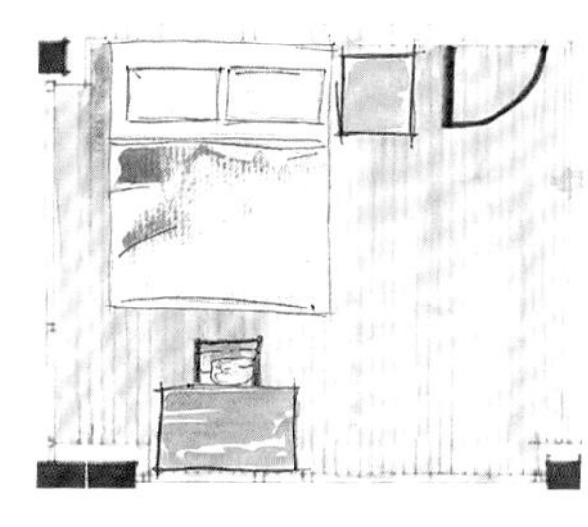

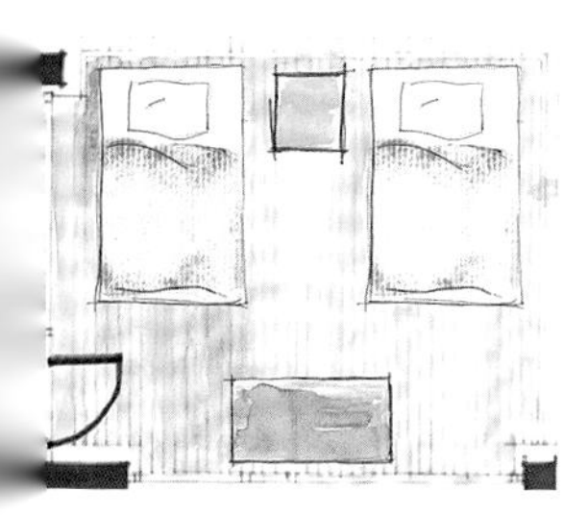

软装小贴士

许多儿童用品可以在连锁店买到。不过，如果你想让家具耐用一些，可以考虑多花些钱买质量好的品牌，比如床、床垫、五斗橱、书桌和小地毯，让这些东西能一直陪伴孩子进入青春期。

# 男孩、女孩的不同风格

说到孩子卧室的装修，大部分人可以分为两类。有些人享受其中，释放他们内在的童心，大胆尝试色彩和主题；有些人完全不知所措，最终把房间装修成半成品或者了无生气。

儿童房的色彩和趣味性确实很难把握，很容易就变成可爱的卡通形象的堆砌。如果你打算在这套房子里住几年，明智的做法是选择那些能让你的孩子住到十几岁（至少十到十二岁）的设计和装饰。一旦你把金钱、时间和精力投入了，装修完成后，你可能几年之内不会想再重新弄一次了。

和你家里的其他房间一样，中性底色会给你很多颜色和装饰选择的余地。创造一间永恒经典的儿童房，同时又充满孩子的个性，听起来很难，但是如果能将“奢侈”与“节俭”相结合，你完全可以做到。意思就是，你可以每隔几年更新一次房间里“节俭”（价格较低）的物品，而那些“奢侈”（价格较高）的物品则在很多年里保持不变。中性底色的“框架”就位后，你就可以根据孩子的性别和性格来进行布置。

## 女孩

公主风很流行，但想做到成熟而富有魅力却很难。作为一个成年人，你的选择要确保房间装饰的多年使用。不要选择粉色或紫色图案的墙纸，选择金色或银色金属的图案。这会让房间显得活泼欢快，不会过于凸显公主粉。

扶手椅或者双人沙发上面最好有柔软的丝绒织物，能带来一种高品质的奢华感觉。椅子上的靠垫可以根据你女儿的年龄来选，这样，几年后，你可以通过更换新的靠垫来改变房间的外观，不必把整个椅子都重新翻新一遍。

## 男孩

男孩子们喜欢探索的主题有很多，比如超级英雄、海盗和赛车等，但是采用这些主题而不会让房间显得浅薄俗气，可能会是个挑战。可以参照装饰女孩房间的准则。从长远来看，多选择一些类似成人风格的家具会给你省钱。

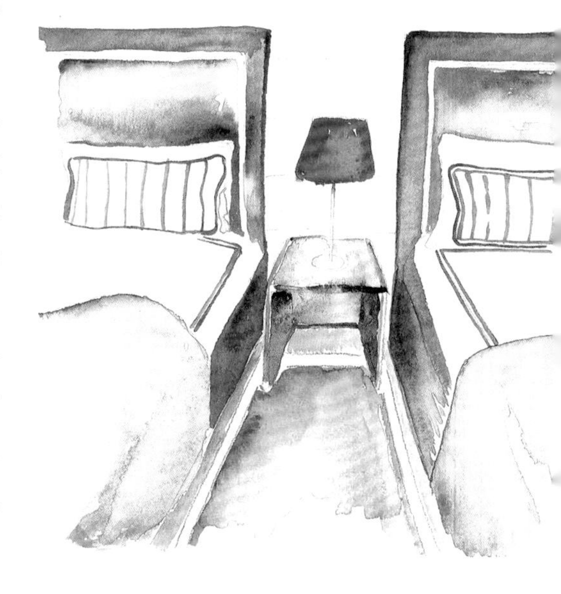

例如，你可以选择海盗或超级英雄的主题，但将主题相关元素保持在最少量。比如，印有交叉的骨头和骷髅的靠垫，黑白条纹的窗帘，或者一幅超级英雄主题的绘画，都在暗示房间的主题，而其余的装饰可以精巧别致，更加自由。赛车主题可以用同样的方式处理：可以弄一个陈列架，展示你儿子的玩具赛车；或者铺一块汽车形状的地毯，或贴一张著名赛车的复古海报，都是呈现赛车主题的不错的方式，根本不必买一张赛车造型的床！

# 多个孩子共用一间

与兄弟姐妹同居一室很不容易。这意味着你必须分享更多，妥协更多——也战斗更多。对于父母来说，要与两个要求正好相反的“小客户”沟通，可能是一项艰巨的任务。解决这个问题的关键是给每个孩子指定房间里的某个地方。这样，孩子们可以清楚地炫耀自己的风格，而不会侵犯兄弟姐妹的地盘。不过，最终还是需要一些妥协，以便让整体风格协调互补。

可以考虑使用嵌入式置物架，能够清楚地划分每个孩子的空间。架子上还可以让每个孩子展示特殊的饰物，进一步让他们各自的地盘更加个性化。

如果让每个孩子都参与装饰过程实在太费劲，那么选择中性色的家具和墙面可能是最好的方案。然后，让孩子们选择自己的床单、夜灯和床头柜，让他们自己的区域个性化。

如果没有足够的地面空间来布置两个独立的区域，使用双层床是一个很好的节省空间的选择。上下两床相互垂直的布置是对空间最好的利用，因为下面能留出游戏空间。如果房间面积有限，而你还想放一张桌子的话，这种布局也很合适。你也可以把床抬高，下面的空间放一张嵌入式书桌。

## 软装小贴士

要打造一间有设计感的儿童房，房间里永久性的物品可以选择中性色。而鲜艳的颜色可以用在那些比较小的，便于移动和更换的物品，比如床单、靠垫、储物箱、窗帘等。最好选择接近成人风格的家具。

# 软装五要素在婴儿间/儿童房的应用

## 需求与目标

实用性、功能性和耐久性是做出购买决定时需要考虑的三个因素。孩子们不知道如何爱护他们卧室里的家具，所以耐用性应该是你首先要考虑的。价格并不总跟耐用性成正比，所以在做出决定之前最好仔细研究家具的材料和质量。廉价的冲动购买最终会让你付出更大的代价。

孩子卧室的需求会比成人卧室变化快得多。这一点要充分考虑到。在你做出任何购买决定之前考虑一下未来，在确有需要的地方多花些钱是值得的。越来越多的儿童家具供应商生产“过渡家具”，你可以选购这类家具，让家具更大限度地发挥作用。例如，婴儿床能变成幼儿床，然后再变成单人床。这意味着，你只需要一开始时进行一次大手笔的购买，而不是每次孩子长大一点后都要升级儿童床。如果孩子多于一个，你的家具决策应该尤其考虑到比较小的孩子以及未来可能到来的孩子。如果你正在为第一个孩子选购婴儿床，你要确保这张床可以给你未来的孩子们一直使用。

在孩子的卧室里放置储物篮和洗衣篮等物品会减轻你的家务负担。这是在鼓励孩子们把玩具收拾起来，或者把脏衣服放在洗衣篮里，而不是扔在地板上。当然，不能保证孩子肯定会使用这些篮子，但是将其放在适当的位置，孩子更有可能很好地进行利用。

别忘了向孩子咨询他们的需求，毕竟这是他们的房间。例如，他们可能想要个架子或床头柜来陈列珍贵的纪念品——孩子们总是收集许多珍宝，而且有特别的地方来展示这些珍宝对他们来说会很幸福。如果你足够大胆的话，你也可以让孩子自己选择房间的色调，包括墙面漆的颜色。如果你实在不喜欢，过几年改动起来也相对便宜。

要确保地面留有一定空间给孩子游戏，尤其是如果你的孩子没有专门的游戏室，每天大部分活动时间都待在他的卧室里玩的话。

### 色彩与图案

装饰儿童房给了你充分的理由去运用漂亮的色彩和趣味的元素。在儿童房里应用三到五种颜色的色彩法则，中性色往往仅限家具。色彩和图案会对孩子的行为和情绪产生重大影响，所以你的颜色选择非常重要。

那么，如何在孩子的卧室里使用色彩和图案呢？床单是一个伟大的方式，既能轻松呈现丰富的色彩，还能随时更换。另一个选择是使用壁纸，至少一面墙，这是为房间增添色彩和图案并营造一个大大的视觉焦点的绝佳机会。小地毯的选择要跟床单和壁纸搭配。比如，你可以选择与壁纸色调相近的小地毯，或者选择对比的颜色和互补的图案，同时不要忘记遵守三到五种颜色的法则。

软装小贴士

尽量不要让孩子接触到有害的化学品，尤其在卧室。可以选含有低挥发性有机化合物的墙面漆（low-VOC）、实木材料、羊毛地毯、有机棉布或竹纤维织物。

在孩子卧室里打造特色墙是一种很流行的做法。有各种各样的选择，都能让你创造惊人的效果，包括壁纸、墙面漆、墙面贴纸和墙画等。不过，不要过度刺激孩子，因为他们需要在睡前保持放松。使用简单的装饰图案，比如条纹或斑点，既可以给房间注入乐趣，又不会让孩子在晚上精神过于亢奋。

## 造型与尺寸

有关造型与尺寸方面的考量离不开安全性。对于初学者来说，充分利用可用的储物空间往往意味着，有些物品的存放地点不可避免地会高于一般的水平。小心不要把抽屉或置物篮装满，这样孩子们就不会把沉重的抽屉拉到自己身上。甚至可以考虑使用毡或藤制的置物篮，相比于木材或金属材质更安全。

最好选用边缘是圆角的家具。有时孩子在卧室里玩闹会发生碰撞或跌倒，碰到家具圆形的边缘，可以减少伤害。

给孩子的卧室买家具的时候，你很可能一不小心就买了很多迷你家具，因为外观非常可爱甜美。小心，不要让所有的家具都落入这个陷阱。买一件可以让你的孩子一直用到长大的成人尺寸的家具可能更有益。

## 家具陈设

儿童房的平面布置与成人卧室大不相同。通常，大部分家具都紧靠墙壁放置，以便中间留出足够的地面空间供孩子自由玩耍。

### 软装小贴士

给儿童房选择织物的时候，耐用性是关键。椅套、沙发套这些东西会给你节省很多清洁的麻烦（而且也有助于家具的保养）。

如果你家孩子容易过敏，可以在经济条件允许的情况下，尽量选择天然的、有机的材料。

纯棉：使用非常广泛，孩子用起来也很舒服。

羊毛：天然防霉防菌，而且不致敏。

亚麻：结实耐用，而且夏天透气性好。

聚酯纤维：非常耐磨损。

入式家具是一种不错的选择。例如，一张嵌入式的桌子靠着床或衣柜布置，就是很好的利用空间的方法。然而，嵌入式家具也意味着将房间锁定了某种布局，不能更改。所以在工人施工之前，请确认你选择的是正确的布局。任何大的固定家具，如五斗橱、箱子和柜子，都应该固定在墙上，这样孩子就不会把家具拉到自己身上。

## 照明

尽量少用人工照明，尽可能多地引入自然光。不过，刺眼的直射光并不理想。可以使用诸如薄窗帘、百叶窗或比较厚重的窗帘等，帮助你控制光线强度，尤其是如果孩子很小，需要白天小睡的话。

夜灯应该散发出柔和的、温暖的光。如果孩子晚上醒来，这样的灯光会有助于他们放松，比如说孩子晚上要使用浴室，或者做了噩梦去你的房间寻求安慰。

如果你家孩子的卧室里有书桌的话，那么良好的照明就更重要了。别忘了加一盏床头灯给孩子读睡前故事哦!

# 游戏室

如果你的孩子足够幸运，有一整间屋子专门用来玩耍，那么一间能唤起快乐、趣味和创造欲望的房间将是他们的完美天堂。装饰一间游戏室并不一定需要花很多钱。房间的色调可以根据孩子最爱玩的玩具的颜色来选择。理想的情况是：这个房间不会很快就失去作用，变得形同虚设；同时，这个房间也应该是令人愉悦的，而不是让你只想把它隐藏在紧闭的房门背后。

可以在游戏室里设置几个“游戏点”，特定的游戏指定特定的地方。例如，在一间理想的游戏室里，有一张桌子放置所有的艺术品和手工艺品；留出很大的地面空间，孩子们可以跳舞、扮演忍者舞剑、建一座堡垒或者布置野餐的场景；角落里有一间“娃娃屋”，所有的洋娃娃都收集在这个特定区域。在游戏室里，储物空间是所有父母最好的朋友。理想情况是有不同类型的储物空间，可以容纳每一个玩具。最好把开放式储物和封闭式储物结合起来。开放式置物架不但非常实用，而且还提供了装饰的空间，比如可以把孩子的彩色玩具小桶或者封面花花绿绿的童书摆在上面作为装饰。封闭式储物让你有地方隐藏混乱。可以把多种储物形式结合使用，比如置物篮、抽屉、架子、柜子等，这样会很方便，比如你可以通过不同的抽屉区分不同的玩具，并鼓励孩子把玩具放到精确的位置。如果孩子太小，还不识字，那么给储物空间贴标签就没什么用了。不过，宁可孩子把玩具放在不管哪个抽屉里，也比随便散落在地板上要好。游戏室需要耐用的家具。你只需要几件家具，因为主要活动都在地板上进行。如果你想在游戏室里放一张沙发，可以选择表面容易擦拭的布料，或者甚至买一张皮革沙发，这样，你就可以在沙发的整个使用寿命里省心省力。选择实木比中密度纤维板更好，因为使

用中造成的实木上的任何划痕或凹痕只会增加木材表面年久的光泽，所以你不必担心家具被孩子们给毁了。别忘了座椅的选择。活动座椅，比如扶手椅，或者用塑料或橡胶块填充的懒人沙发，方便移动，让孩子可以有地方布置赛车跑道，也可以为家庭临时音乐会提供方便的座位。游戏室是你家唯一一个可以打破三到五种颜色的配色法则的房间。经典黑之外，你可以选择各种充满活力的颜色。可以把墙面漆成一种鲜艳的颜色，凸出房间的色彩，同时也给了孩子一块大大的“画布”，让他们拿起画笔在上面尽情表达他们的艺术才华。还有一种做法：在适合孩子的高度安装一个布告栏，孩子可以在上面展示他们的手工作品或学习内容，比如地图、字母表或数字表。陈设布置是丰富房间配色的另一种方式。如果你家有多个孩子共享一间游戏室，那么选择主题会很困难。坚持这个原则：把个性融入卧室，而游戏室则保持作为一个中性的、有趣的空间。

游戏室的构成

工艺品桌
长沙发
扶手椅
懒人沙发
储物架
储物柜
电视组合柜
小地毯

# 8

# 户 外 家 居 空 间

# 户外家居空间软装概述

住宅外面的户外区域是创造一个与世隔绝的小桃源的理想场所——一个你和你的家人可以在周末或温暖的夏夜逃离喧嚣的假日角落。这也就意味着你的户外家居空间的布置方式非常开放，完全取决于你的想象力。如果你想创造一种放松的、奢华岛屿的感觉，那就放手去做吧！如果时尚休闲的汉普顿风格更适合你的画风，那么你可以尽情使用航海条纹和绳索元素来装饰。或者也许你想要一种更加质朴的感觉，那你可以选择粗糙的木质家具，还有火塘（篝火），为冬季带来一丝温暖。

户外空间通常是我们夏季社交活动的中心。这类空间的装饰要想做得恰到好处其实并不容易，特别是因为这类空间通常是多功能的。吃喝玩乐，散步赏景，全都要囊括其中。所以，明智、合理的布局会让你受益匪浅。

影响你所有户外空间装饰选择的一个永恒因素是——天气。选择耐寒、耐候的家具可能会一下子花掉你很多钱，但是未来，你将得到长期回报。坚固的家具能经受住时间的考验。

# 户外客厅+餐厅

户外家居空间的装饰过程类似于室内家居空间。事实上，把户外区域当作你家的另一个家居空间，就是户外装饰的一种完美方式，这样会有助于你打造一个充满魅力的、舒适的空间。不过，户外家具用品必须小心选择，要足以承受室外露天条件的考验。

耐候家具是户外空间明智的选择。现在许多制造商用现代的合成材料替代了传统户外家具的材料。也许你喜欢藤条的外观，但是藤条在户外放置几周就会发霉。所以你可以选择以合成材料做成藤条外观的家具，很多家具商都有生产。成本根据质量而有所不同，但是总的来说多花些钱是值得的，因为这类家具既轻便，又具有经典户外家具的外观。如果你喜欢更现代的风格，海洋级不锈钢家具值得购买。这类家具的设计和制造符合海洋标准，因此能保证良好的使用寿命。

不过，典型的室内家居空间用品也可以用来塑造户外空间，比如小地毯、靠垫和艺术装饰品。其中一些物品，比如靠垫，每次使用后都应该放到室内，因为经常暴露在户外环境中会大大缩短使用寿命。

即使你家的户外空间有遮篷，你也会发

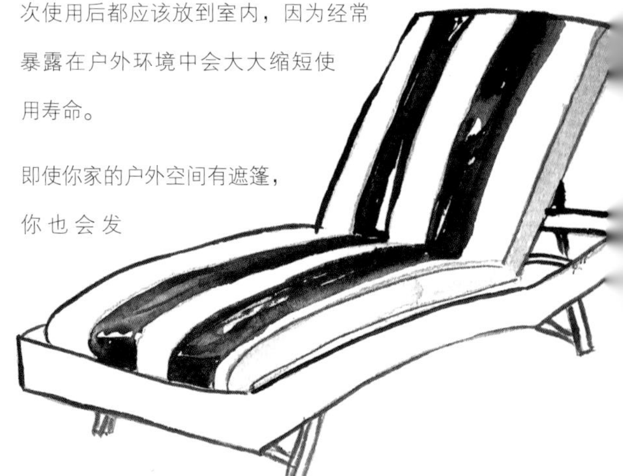

现，织物褪色很快，或者在雨天容易变得潮湿。幸运的是，市场上有大量针对这种情况的户外织物和垫子填充材料（包括散置靠垫和沙发坐垫）。每次使用完毕，把垫子拿到屋里之前，先做好打理工作会是很明智的做法。

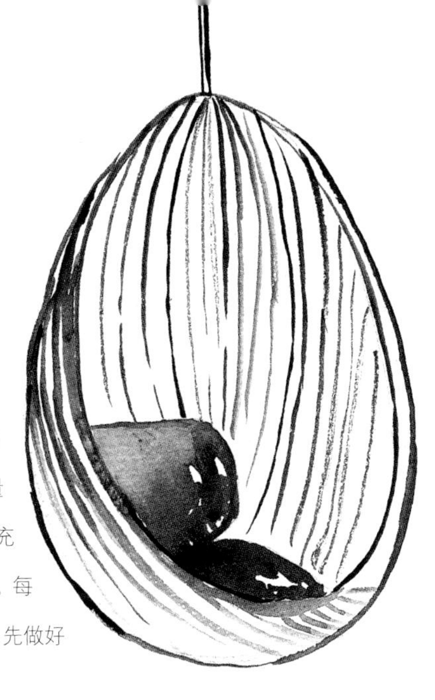

至于小地毯，市场上有许多机器制造的材料，你可以根据喜好自由选购，用漂亮的颜色和质感来美化户外地面。有两种主要材料：塑料（通常由回收的购物袋或塑料饮料瓶制成）和聚丙烯（一种合成树脂）。这两种材料都能很好地应对湿气和紫外线照射。

你是否希望你家的户外空间是一个舒适宜人的地方，让你可以在下午的阳光下读书或者晚餐后在这里休闲放松？那么，你可以考虑放一张沙发床。沙发床就像永久性的吊床，适合午睡和慵懒的周末。沙发床还让你有了一个布置彩色靠垫的机会，以明亮大胆的色彩和图案来点缀户外空间。

户外艺术品近年开始流行起来。先进的印刷技术让我们实现了把数字印刷的油画和塑胶画挂在户外（但仍然要罩起来，免受天气影响）。画的内容可以呼应你在别处使用的色彩和图案。

你也可以用一些小物品为户外空间注入生活的气息，比如配上烛台、长方桌巾、餐具垫和小盆栽等。这些东西便宜又实用，适合用在户外餐桌或茶几上。

软装小贴士

如果你家冬天不经常使用户外家具，那么你可能需要购买一些家具罩，盖在上面，保护家具免受气候因素的影响，还可以防止褪色，因为冬天的阳光直射仍然可以导致织物褪色。

# 阳台

阳台的大小可能大不相同。一般来说，在阳光明媚的春天，阳台是招待朋友的好地方，或者在漫长的一周后享受家庭烧烤的地方，所以留出餐桌的空间是理想的布局。

如果阳台很小，会限制你的装饰选择，但这并不意味着你就不能打造出充满乐趣的空间。悬挂花盆、迷你香草园、垂直花园（墙面绿化），以及色彩明快的小地毯和户外靠垫，都能为你家阳台增加个性和特色。

# 软装五要素在户外家居空间的应用

## 需求与目标

你的家里受季节影响最大的地方就是户外家居空间。夏天的时候，我们喜欢打开门，把室外空间作为室内空间的一种延伸。天气变冷时，门紧紧关闭，室外空间就会被忽略。考虑到全年不同时间段使用这一空间的不同方式，在购买家具时会给你带来好处。

## 色彩与图案

你家户外空间的建筑环境和自然环境可以作为参考，帮你决定这个空间的装饰风格。其实，对家里的这个地方，在装饰上你可以更趣味性一些，尤其是如果你家孩子也使用这个空间的话。主体配色的选择应该跟房子的外观互补，因为房子是户外空间的背景，整体上应该营造一种愉悦的视觉效果。搭配的颜色和图案可以通过装饰品和小地毯来添加。如果你家的室内家居空间是开放式的，那么，应该通过一些元素或颜色，把室内外两个家居空间衔接起来。

## 造型与尺寸

要注意你家户外有多大的空间，不要把家具塞得满满的，尽量简单，这样的话这个空间既能用作起居空间，也能用作就餐空间。想一想，你大部分时间会如何使用这个地方，你会在户外吃饭还是在这休息？两者选择其一，你就可以把整个空间按照一项活动的需求来布置，而不是把过多的家具挤进这个空间，破坏了休闲放松的感觉。

## 家具陈设

户外家居空间内，家具的布置一定要留有空隙。后门通常是这个空间唯一的出入口，不过，这个空间周围可能是个小院子，这就意味着可能会有多条步道穿过这个空间。你需要在这个区域内走动、生活，阻塞交通动线会影响你使用步道的频率。尽量让自己能方便地在这个区域内和周围走动，这样，未来你会把所有的空闲时间都花在这里。也许两张扶手椅会比一张长沙发更好，也许反过来，这取决于交通动线的位置。或者一张小小的餐桌加几把椅子更适合，留出更大的休息和放松的空间。

## 照明

夏天在家款待朋友往往意味着几个小时在一个地方斜倚着谈天或者吃饭。一旦太阳下山，聚会要么中断，要么开灯，晚上继续娱乐。室外环境照明的主要问题是：蚊虫会被灯光迅速吸引过来。把户外照明灯具换成黄色的灯泡有助于减少蚊虫数量。

户外空间，多样化的照明也很重要。吊灯和壁凸式墙灯是理想的选择。室外要想把落地灯和台灯使用好可不容易，而且也很危险。这类灯具最好还是用在室内。室外可以用一些防蚊蜡烛。

# 9

# 家 居 陈 设

# 家居陈设概述

家里各个房间整体已经装修得很漂亮之后，你就可以开始布置陈设了。陈设指的是在房间中布置可以移动的物品，并将其进行组合，这就是所谓的“小品”。利用各种物品和摆件，你可以在家里打造几处漂亮的陈设小品，展示诸如古董、纪念品、小玩意儿和小饰品之类的东西。这些东西都是你喜爱的，对你和你的家人很重要。有客人来访时，这些东西也能变成开启对话的话题。

设计小品的时候，目标就是把你心爱的小装饰和小摆设通过有层次感的设计展示出来。每一处小品背后都有它的故事。朋友来访时可能不会第一眼就发现这些故事。只有在房间里待了很长一段时间后，才会注意到那些独特之处。

我们都有一些多年来收集的不知该如何处理的物品，比如不那么珍贵的礼物，或者你爱人很喜欢但你其实看不上的东西。这些物品的最好的去处就是客房或化妆室，放在那里你不会经常看到，同时你也不会因为把这些东西随意堆放而冒犯任何人。

# 家居陈设五要素

现在，你应该已经对装饰过程中的五个要素非常熟悉了，但是在设计房间的陈设时，也就是家居装饰的最后一步，需要遵循的却是不同的规则。

这一阶段的室内装饰过程绝对会很有趣。在这个过程中，你有机会体验自己布置陈设的技巧，同时整理你一生中收集到的各种物品。通过运用以下五个要素，你可以在家里打造出漂亮的小品。

1. 质感

质感会为房间的整体外观和风格赋予一种“视觉重量”。你可以用丝绒、麻布、亚麻、棉、羊毛以及木材等材料制成的物品来为空间增添质感。大多数时候，质感带来的是视觉上的享受，但偶尔也有些时候，只有当你真正触摸到的时候，你才会注意到那种质感，这会让那件东西显得更加特别。中性的质感，如果使用得好，跟色彩一样，也会对房间有很大的影响。

2. 对比

在一个小品内，造型上的对比能够创造平衡感和趣味性。过多的直线会让人感觉单调乏味。可以搭配使用一些弧线，柔化冷硬的直线。例如，把一些圆形的物品放在长方形的托盘上，就是营造陈设小品对比的最佳方法。

3. 金属

金属物品就像给房间佩戴珠宝一样，闪闪发光。选用的金属物品，如黄铜旋钮、银制万能托盘、茶几上的金盘或书架上的铜饰品等，最好能呼应房间的色调和其他装饰元素。你家里应该有很多这类金属制品，找个合适的地方摆放，一点都不难。

4. 植物

没有一丝绿意的房间是不完整的。绿色植物能给空间增添活力和质感。鲜花、多肉植物和蕨类植物是打造陈设小品的有效道具。植物还能改善家里的空气质量。如果想省钱，可以用花瓶和假花，跟鲜花一样具有很好的视觉效果。

5. 布置

如何布置那些小饰物，是小品陈设里最棘手的部分。小品布置完成后，把那个地方拍一张照片，比如托盘、架子上或某个地方，这种方法能帮助你发现是否有哪里需要改动。一项简单的指导原则就是叠加。例如，堆叠书籍或杂志，而不是只放一本。

软装小贴士

要等家里大部分家具和装饰物都到位后，再开始做陈设的布置。对大件家具的摆放满意之后，再开始布置陈设。

# 陈设布置的艺术

陈设布置显然是一门艺术，但是，只要肯花心思，以敏锐的眼光关注细节，任何人都能够打造漂亮的陈设小品。这方面没有严格的规则，只要你的布置对你自己来说是有意义的，那就不能说是错的。

软装小贴士

缺乏色彩的小品也可以像配色大胆的一样引人注目。创造中性色小品的关键是结合多种有趣的质地。例如，在粗麻桌布上面摆放一摞皮革封面的书、银质烛台、装饰盘/碗和珠子项链。

奇数组合比偶数组合更让人觉得赏心悦目。有疑问时，可以使用“三、五或七”法则，即物品总是以奇数而不是偶数组合在一起。全部物品组合在一起是创造视觉冲击的好方法。

彩色组合，如果做得好的话，能给餐柜或玄关增添活力和生命，而组合的“物以类聚”原则无疑是打造一个特别的陈设小品的好方法，即：相似色的物品组合在一起。遵循三到五种颜色的配色法则，一个小品之中重复使用某种颜色，也会很有帮助。

如果你觉得自己没有组合搭配的天赋，你可以按照本书中出现的有关“构成”的小贴士中列出的东西来做，防止出现失误。

陈设小品布置要素

**主体元素：**可以是一幅画或者一面镜子。

**个性/特色：**一件背后有故事的东西，比如你在海外旅游带回来的装饰品。

**奇数组合：**遵从“三、五或七”法则。“三”尤其适合小桌上陈设小品的物品数量。

**高度：**可以用台灯或者细长的花瓶拉伸小品的纵向高度。

**层次：**一摞书，或者高度不同的两个画框。

# 运用鲜花

软装小贴士

彩色花瓶能更进一步凸显鲜花的视觉效果。透明花瓶能看到水是不是脏了。

鲜花给房间带来很多东西，从色彩、香味到质感和视觉重量。鲜花就像室内的口红，不昂贵，却能营造一种奢侈感。鲜花是“活的色彩”，没有鲜花的空间是不完整的。

要让鲜花的效果呈现最佳，斜向修剪水下浸泡的根茎末端，两天换一次水。

## 家居陈设常用的鲜花

**玫瑰：**玫瑰是永恒经典的装饰花卉，是浪漫的象征。玫瑰代表着爱和欲望。

**毛茛：**有各种各样的颜色，漂亮、甜美的花朵能让茶几一下子明亮起来。

**罂粟花：**色彩鲜艳，生机盎然，能给房间平添清新的气息和趣味性。

**八仙花：**所有祖母的小花园中的经典花卉。

**郁金香：**适合春季使用，色彩多样。

**牡丹：**是婚礼上新娘捧花的主要构成花卉。柔和，美丽，女性化。颜色从乳白到紫红，多种多样。

**金槌花：**花朵为金黄色圆球状。一捧金槌花组成的花束会非常华丽夺目。花朵干枯后还可以维持很长一段时间，所以一束金槌花在你的陈设中可以摆放数月。

**绿球石竹：**毛茸茸的绿色球状花朵，让人想起苏斯博士经典绘本故事里的插图。绿球石竹是康乃馨的亲缘植物，用在客厅能给房间增添一种奇异的怪趣。

**“袋鼠爪子”：**澳大利亚原生植物，有多种颜色，能给房间增添一丝澳洲气息。

**海神花：**尤其是“国王海神花”，花形奇异，耐旱，持久。

软装小贴士

如果花瓶较大，瓶口很宽，要想把花布置得美观，可以用胶带在瓶口粘出交错的网格，然后把花茎插入网格中。这个办法尤其适合短茎的花，能有效防止整枝花掉入瓶中。

# 个性化陈设

软装小贴士

不要让自己被陈设布置的种种细节搞得很烦——本来应该是个有趣的过程，而不应该是一种压力。如果你发现这项活动已经让你感到烦躁，停下来，离开房间，做其他事情。暂停一些时间可以让你思路更清晰，再次走进房间时，重新获得完成陈设布置的斗志。

旅游的纪念品、家里祖辈传下来的东西、收到的礼物或者在特殊场合买的物品等，这些东西用在陈设中，都能讲述一个有关你的个性化的故事。这些东西对你和你的家人都有特殊的意义，客人来访时，很容易产生兴趣，引发谈话。

家装的过程中，很容易陷入一个误区：购买很多的装饰品，仅仅是为了摆满书柜或壁炉架。然而，如果你慢慢地收集一些小东西，然后用在家里的陈设中，你会对最后的效果更为满意，因为周围都是对你来说有意义的物品。

# 流行的陈设元素

下面是一份清单，列出了你下次做陈设布置的时候，或者做陈设小品感觉缺乏灵感的时候，可以借鉴使用的流行元素。

- 书
- 花瓶
- 鲜花
- 蜡烛
- 烛台
- 装饰品
- 相框
- 钟表
- 托盘
- 万能托盘
- 装饰碗
- 首饰托盘
- 储物盒
- 陶瓷杯垫
- 置物盘
- 贝壳
- 珊瑚
- 气生植物

# 软装五要素在茶几上的应用

茶几陈设的构成

托盘
花瓶
鲜花
小装饰品
蜡烛

### 质感

茶几或者托盘的材质会为你的陈设小品带来质感。你使用的任何柔软织物也会丰富陈设的质感。

### 对比

茶几上排列布置多种物品，形成视觉对比效果。

### 金属

小装饰品、小摆设是为茶几上增添金属材质的最佳选择。

### 植物

没有一瓶鲜花或一盆小小盆栽的茶几陈设是不完整的。植物给茶几带来色彩和爱意。

### 布置

把茶几或托盘分成四个部分会有助于你完成陈设的布置（参见右侧的软装小贴士）。

#### 软装小贴士

托盘可以帮助你把茶几上的东西组织起来。将托盘分成四个部分可以帮助你确定放置物品的位置。

第一部分：放置较高的物体，如花瓶。

第二部分：放置圆形物体，如水晶球镇纸。

第三部分：放置奇数件数的物品，如一摞书。

第四部分：放置一些特殊的摆件，如黄铜的马雕塑。

# 软装五要素在壁炉上的应用

### 质感

极具质感的柱形蜡烛，配上豪华的烛台，放置在装饰画的两边，就是壁炉很好的装饰。

### 对比

壁炉上方是一个狭长的空间，形成平衡感很难。要营造对比，可以考虑使用较高的烛台、圆柱形或球形花瓶以及特殊摆件。

### 金属

画框可以选银色或者金色的，挂在壁炉上方，带来高贵典雅的金属质感。

### 植物

如果壁炉所在的房间是你经常使用的空间，那么，摆放一束鲜花是为房间增添生活气息的最佳方法。

### 布置

一般来说壁炉上的陈设布置方式有三种。参见右侧，看看哪种适合你家的壁炉。

壁炉陈设的构成

高花瓶
烛台
画框
鲜花
镜子
艺术品
盒子
小饰物

壁炉的三种布置方法

**中心法**：最容易的方法，即：将所有装饰品布置在壁炉架的中心。

**对称法**：将相同类型的物品对称放在壁炉架的两边。例如，在一幅画的两边各放一个烛台。

**两点呼应法**：将较小的物品布置在一起作为一组，另外一个较大的物品作为主体元素与之分开摆放，两点呼应。较大的物品不必放置在中心位置，可以偏离中心，效果也很好。

# 软装五要素

# 在书架上的应用

书架陈设的构成

书
杂志
书挡
画框
装饰品
花瓶
鲜花
装饰碗
托盘
纪念品
盒子

质感

整齐的书脊能为书架带来完美的质感。根据材质将图书分组摆放，是丰富书架质感的最简单的方法。

对比

不同造型和大小的旅行纪念品可以陈列在书架上，营造出整体和谐的外观。

金属

使用金属饰品，较大的饰品之间注意要留有空隙。这些小小的金属元素会在书架上闪闪发光。

植物

如果书架不够高，不适合在上面摆放一束花，那么，你可以尝试在书架旁边的地板上放一盆室内盆栽植物，为室内添加必不可少的色彩和生活气息。

布置

书架上，把相似的色调布置在一起，形成一个个“色块”，整体书架上形成大胆的配色。首先，把图书布置到书架上，竖直排放和水平堆叠交替使用。相似物品的堆叠会产生更强烈的视觉效果。例如，书架上水平堆放的一摞书比起单独的一本书有更大的视觉重量和影响。

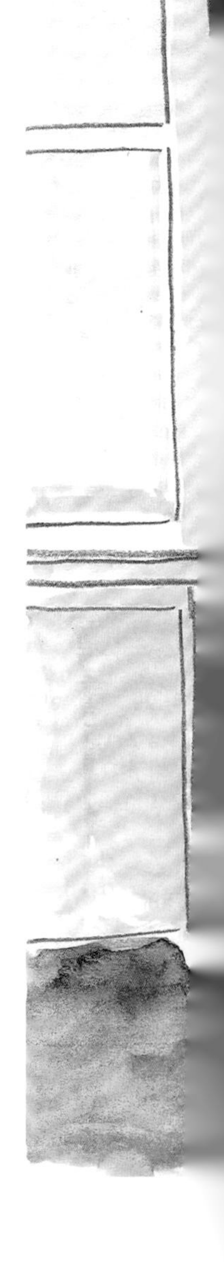

软装小贴士

图画或照片除了挂在墙上之外，可以尝试加个画框，斜靠在书架上。这也是填补书架上较大空白处的一种好方法。

# 10

# 软装入门指南

# 地毯

地毯是地板上的艺术品。在一个房间内，可以利用小地毯为家具划定视觉区域的边界，以此来划分空间，或者让某些区域之间相互呼应。

软装小贴士

小地毯下面铺一块橡胶衬垫，有助于防止人在地毯上滑倒，特别是在瓷砖和硬木地板上。

如果可能的话，最好让大件家具的前脚压在地毯的边缘上，而不是让家具围着一块比较小的地毯，看起来像邮票一样。为了更形象地看到模拟效果，确定适合自己房间的地毯尺寸，你可以用报纸代替，在房间内你想铺地毯的区域铺上报纸。

地毯的常见材料

**剑麻、大麻、黄麻或海草：**这些材料让人想起沙滩、海岸、生机勃勃的汉普顿风格。这类材料尤其适合使用频繁的区域，因为很耐磨损，也不会轻易显示出脏脚印。定期拿出去抖一抖，使其保持良好状态。

**羊毛：**羊毛地毯有多种制作方法，有簇织、平织、结织或编织等，每种都很耐磨，因为羊毛是一种天然纤维。

**羊毛+丝绸：**市场上最豪华的地毯合成材料之一。高品质的羊毛丝绸混合物使脚下有柔软的感觉，透着高级和优雅。

**数码印刷：**将数码图像印刷到腈纶或天然面料上，各种设计和图案都能出现在地板上。

**人造纤维：**人造纤维包括各种各样的聚丙烯面料（丙纶）。这类材料适合过敏症人群，因为不易掉毛。这类面料都是机器制造的，所以非常耐用。跟羊毛相比，也更经济实惠。

软装小贴士

纯色背景上面带花纹的地毯，更不容易留下脚印。

## 地毯的常见类型

- 平织：一种薄的、编织的地毯，通常是羊毛或纯棉材质。
- 手纺：比平织的更厚重，源自印度。
- 基里姆（Kilim）：一种薄的织锦地毯。
- 粗毛地毯：一种表面蓬松、多粗毛的地毯。
- 户外地毯：一种耐用的地毯，通常由腈纶或丙纶等人造材料制成，也经常使用回收塑料瓶为原材料。
- 黄牛皮地毯：一种耐用的地毯，通常是肉类工业的副产品。
- 手工地毯：独一无二的地毯。
- 纯棉地毯：一种结实、柔软的地毯，通常是平织的；适合过敏的人，因为是天然材料。
- 羊毛地毯：温暖、坚固的地毯，适用于使用频繁的区域。
- 天然纤维：适合过敏人群，不危害环境，包括剑麻、黄麻或大麻。
- 合成材料：外观模仿天然纤维，但一般不耐用。

## 地毯绒面的类型

- 割绒：表面有直立的绒毛，外观奢华。
- 毛圈绒头：不易留下脚印，打理简单。
- 割绒+毛圈绒头：这种组合能创造独特的图案，而且能保持地毯质感挺括。
- 多层次毛圈绒头：表面有不同大小的毛圈绒头，地毯更有质感。
- 粗毛：表面绒毛长而粗糙。

## 地毯的常见形状

- 长方形地毯：很适合客厅和卧室，可以给家具的布置划定边界，或在房间里划分不同的区域。
- 圆形地毯：用在玄关或开放式客厅，活泼新颖。用在狭长的空间里，还能在视觉上扩展空间的宽度。
- 方形和椭圆形地毯：不太常见，但可以铺在方形餐桌下，或者用来装饰房间死角。

软装小贴士

在一个房间内叠加使用两种材质完全不同的地毯，能让空间感觉更加舒适。比如，客厅或卧室里以一张剑麻地毯为底，上面再铺一块黄牛皮地毯或者波斯毛毯，能增加房间的奢华感。但是注意确保底下的那张地毯比上面的大很多，让房间内形成舒适的比例。

# 窗户

窗户的装饰，主要是窗帘，在每一个房间里扮演着不同的角色。有些是纯粹的装饰，有些用于过滤或遮挡光线，还有一些用于隐私保护。在安上窗帘之前，房间总是看起来好像装饰到一半似的。选择合适的窗帘很重要，因为窗帘往往属于家里比较昂贵的装饰元素，不会经常更换。

软装小贴士

窗帘顶部要直抵天花，这样能让房间看起来更通透，房间举架显得更高。

## 窗户装饰的类型

**全长窗帘：**窗帘底部整齐地擦着地板掠过，但不堆积。这种窗帘在视觉上拉长了墙壁，使房间感觉更宽敞。

**半长窗帘：**这类窗帘下部正好在窗台的边缘或墙的一半高度。这类窗帘让房间感觉更小，如果长度更短的话，会让墙壁显得好像还没装饰完一样。

**卷帘：**通常是用结实的类似帆布的材料制成。卷帘用在卧室非常棒，因为窗帘整齐地贴合在窗洞里，还能有效遮挡光线。

**罗马卷帘：**由棉布或亚麻布等材料制成。拉下来之前折叠成褶皱状。

**百叶窗帘：**由一系列水平的板条构成，板条可以上下倾斜，控制光线和私密性。

**种植园百叶窗：**类似百叶窗，大气典雅，由水平木板制成，通常固定在窗户上，或者也可以利用折叶安装，打开的时候是整个一个面板。这种百叶窗比较昂贵，但物有所值。

## 窗帘的材料

**轻薄织物：**又薄又轻几乎透明的织物，通常是纯棉的，一般是白色。

**遮挡窗帘：**对于那些如果房间不是很暗就睡不着的人来说，这是一个很好的选择。这种窗帘几乎能阻挡所有光线，并且非常适合保护隐私。

**亚麻：**粗糙的亚麻织物带来优雅而轻松的感觉。

**纯棉：**纯棉是最常见的窗帘材料。颜色和图案都可以非常灵活。

**丝绸：**如果是一所庄园一样的宅邸，需要大胆、宏伟的窗帘，那么可以选择丝绸材料。丰富的宝石色最适合丝绸窗帘。

**天鹅绒：**这种材料比较重，营造出一种奢华的、几乎是帝王般的感觉。

窗帘的细节

- 窗帘盒：隐藏窗帘配件的狭窄边框。
- 绑带：一种用来保持窗帘打开的织物或绳结。
- 杆和饰物：窗帘挂在杆上，两端可以有装饰物。
- 窗帘顶部：窗帘顶部的类型包括方褶、绳结、铅笔褶、捏褶等。

软装小贴士

增加窗帘的层次有助于你更好地控制光照和隐私保护。如果卧室窗户面向街道的话，这一点就更加重要。例如，傍晚你可以将罗马百叶窗与柔软透明的全长窗帘相结合，既能过滤阳光，保护隐私，又美观大方。

# 靠垫

散置式靠垫是家居最有效的装饰元素之一。没有靠垫的话，沙发看起来光秃秃的。床上不摆几个靠垫，床也会看起来很单调无聊

靠垫可能是一个有争议的元素，因为很多人认为靠垫是不必要的装饰。不过，只要精心挑选的话，靠垫就能够改变你的房间，让房间的配色结合得更紧密，还能为你在沙发上躺靠提供一个更舒适的地方。

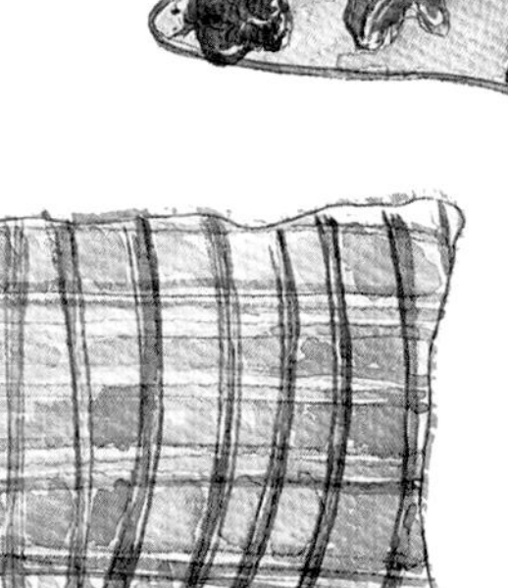

靠垫的类型

- 方形靠垫
- 腰垫
- 正方体靠垫
- 圆形靠垫
- 球体靠垫
- 圆形长枕

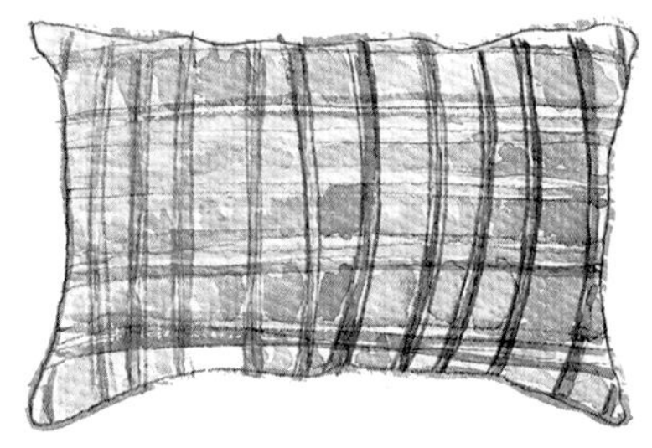

# 蜡烛

蜡烛是一个重要的家居装饰元素。蜡烛本身散发出一种好闻的香味，而装蜡烛的罐子则能通过颜色、质地和花纹，进一步强化装饰效果。尽可能选择天然或分制成的蜡烛，如蜂蜡、椰子蜡、大豆蜡或天然大豆混合物，避免有害的毒素在家里燃烧。

蜡烛有各种各样的形状和大小，你应该能够找到适合你家装饰的。在茶几上摆几根蜡烛，可以像放一束鲜花一样具有视觉冲击力。蜡烛烧光之后，装蜡烛的罐子还可以当花瓶用。

## 巧用蜡烛

第一次点燃蜡烛时，让蜡油一直熔化到边缘，这样整个蜡烛最后会全部烧尽。一根蜡烛可能要燃烧几个小时，所以在点燃之前，一定要确保你在接下来的几个小时里会待在房间内，能随时注意蜡烛的安全。

点燃蜡烛之前，先修剪一下蜡芯，剪掉不整洁的末端，以免在蜡烛罐子内部形成黑色的烟雾斑点。如果不修整蜡芯，会加速燃烧，使蜡烛燃烧得快得多。

避免让蜡烛在开着的窗子或者通风口燃烧，因为这样也会大大加快蜡烛的燃烧速度。

# 照明

照明是家居装饰最重要的元素之一。照明能丰富空间的质感、色彩和图案，往往还能成为聊天的话题。

## 照明的类型

- 地灯
- 台灯
- 吊灯
- 壁凸式墙灯
- 枝形吊灯
- 蜡烛

## 灯罩的类型

- 鼓式
- 锥形
- 方形
- 球形

## 灯罩装饰的类型

- 绒球装饰
- 丝带装饰
- 穗饰

照明的目的

**功能照明：**为某一特定目标而使用的照明，如阅读或绘画。

**气氛烘托：**照明是营造房间气氛和情调的一个非常重要的元素。

**附加照明：**如果你的房间没有足够的自然光，增加顶灯可以模拟自然光。

**焦点照明：**可以利用照明来突出艺术品或者把注意力吸引到艺术品上来。

软装小贴士

在边桌或者餐柜两端各放一盏台灯，能创造对称和平衡，同时也为房间提供了良好的光源。

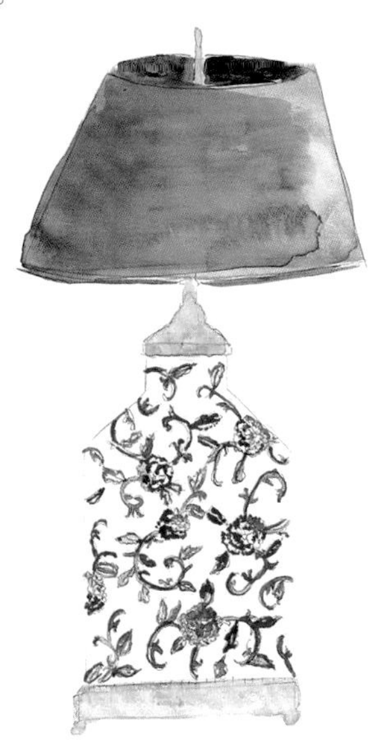

# 艺术

软装小贴士

视线平视的平均高度是距离地面150厘米。所以，墙上挂的画应该以这个高度为中心。

你曾经进入过一个墙上没挂任何艺术品的房间吗？没有艺术品，房间感觉光秃秃的。艺术拥有转变空间，为其注入生命的魔力。同时，艺术品也能跟房间的配色结合在一起。

家居装饰中的艺术品主要是绘画或摄影。你不必为了填充家里的墙面而去参观画廊，购买昂贵的作品。市场上有很多价格可以接受的作品，所以没有必要为此破产。

在家里布置艺术品时，大胆发挥你的想象力。有许多选择，可以是画廊风格，一面墙上挂很多画；也可以一面墙只挂一幅画。一般来说，一面墙只挂一幅画的话，最好配一个画框。如果有很多幅画，想要像画廊那样打造一面艺术展示墙，一套组合画框是你最佳的选择。

组合相框特别适合展示家庭照片，可以搭配墙面上的焦点照明，把注意力吸引过来。在一面墙上挂九张或更多相似相框的照片，这面墙绝对会让人眼前一亮。

在大件家具顶部，把画框斜靠在墙上，而不是挂在墙上，也是给房间增添色彩的好方法。这对于租房者来说是一个很好的选择，因为不必在墙上打孔。

画廊风格的布置

- 方形
- 矩形
- 垂直
- 水平

软装小贴士

如果把画挂在沙发上方，画的底部和沙发顶部之间要留大约30厘米的距离。这样，人坐在沙发上可以把头枕在沙发靠背上，头靠着墙不会碰到墙上挂的画。

# 11

# 参 考 书 目

# 网上资料

博客：

**A Beautiful Mess** www.abeautifulmess.com

**Apartment Therapy** www.apartmenttherapy.com

**Bright.Bazaar** www.brightbazaarblog.com

**Cococozy** www.cococozy.com

**Cupcakes and Cashmere** www.cupcakesandcashmere.com

**Decor8** www.decor8blog.com

**Design Sponge** www.designsponge.com

**Eat Read Love** www.eatreadlove.com

**Interiors Addict** www.theinteriorsaddict.com

**Ish & Chi** www.ishandchi.com

**Kate Waterhouse** www.katewaterhouse.com

**Lauren Liess** www.laurenliess.com

**Rebecca Judd Loves** www.rebeccajuddloves.com

**The Design Files** www.thedesignfiles.net

**The Joye** www.thejoye.com

**Yellowtrace** www.yellowtrace.com.au

网站：

**Brit + Co** www.brit.co

**Captain & The Gypsy Kid** www.captainandthegypsykid.com

**Glitter Guide** www.theglitterguide.com

**Goop** www.goop.com

**HomeStyleFile** www.homestylefile.com.au

**Houzz** www.houzz.com.au

**Milray Park** www.milraypark.com

**Minutes Matter** www.minutesmatter.com

**Mydoma Studio** www.mydomastudio.com

**Olioboard** www.olioboard.com

**Pinterest** www.pinterest.com

**Refinery 29** www.refinery29.com

**Show and Tell Online** www.showandtellonline.com.au

**Table Tonic** www.tabletonic.com.au

**The Everygirl** www.theeverygirl.com

**The Grace Tales** www.thegracetales.com

网络杂志：

《爱家杂志》(**Adore Home Magazine**)
www.adoremagazine.com

《**Est**》
estliving.com

《心之家》(**Heart Home**)
hearthomemag.co.uk

《朗尼》(**Lonny**)
www.lonny.com

《搭配》(**Matchbook**)
www.matchbookmag.com

《**Rue**》
www.ruemag.com

《家》(**The Home Magazine**)
thehome.com.au

《温克伦》(**Winkelen**)
winkelenmagazine.com

# 手机APP

工具：

Converter

Spirit Level

平面布局与规划：

Houseplan

Magicplan

Room Planner

情绪板：

Mood Board

Morpholio Board

# 软件

Google SketchUp

Icovia Online Interior Design Software

RoomSketcher

This is translation of HOME: THE ELEMENTS OF DECORATING
By Emma Blomfield
First published in Australia by Hardie Grant Publishing in 2017



著作权合同登记号：第 06-2018-407 号。



**图书在版编目（CIP）数据**

家居软装设计五要素 ：教你完美装饰自己的家 /
（澳）艾玛 • 布洛姆菲尔德著 ；李婵译 . -- 沈阳 ：
辽宁科学技术出版社，2019.4
ISBN 978-7-5381-9731-0

Ⅰ . ①家　Ⅱ . ①艾　②李　Ⅲ . ①住宅—室
内装饰设计—指南 Ⅳ . ① TU241-62

中国版本图书馆 CIP 数据核字（2018）第 301915 号

---

出版发行：辽宁科学技术出版社
（地址：沈阳市和平区十一纬路 25 号　邮编：110003）
印 刷 者：上海利丰雅高印刷有限公司
经 销 者：各地新华书店
幅面尺寸：147mm×217mm
印　　张：5.75
字　　数：200 千字
出版时间：2019 年 4 月第 1 版
印刷时间：2019 年 4 月第 1 次印刷
责任编辑：李　红
封面设计：关木子
版式设计：关木子
插　　画：麦迪逊 • 罗杰斯（Maddison Rogers）
责任校对：周　文

---

书　　号：ISBN 978-7-5381-9731-0
定　　价：58.00 元

联系电话：024-23280070
邮购热线：024-23284502
http://www.lnkj.com.cn